创新方法工作专项项目"我国水文学方法创新体系建设研究"（编号：2009IM020100）资助
国家自然科学基金创新群体基金项目"流域水循环模拟与调控"（编号：51021006）资助

沈阳市水利信息化建设理论与实践

严登华　石　军　杨志勇　鲁　帆　马志伟　等编著

黄河水利出版社
·郑州·

内 容 提 要

　　本书以沈阳市水利信息化建设为例,在全面分析沈阳市水利信息化系统现状及存在问题的基础上,提出沈阳市水利信息化未来发展思路及主要建设任务,再基于水利信息化建设理论,对沈阳市水利信息化系统结构进行总体设计,分别制订基础设施建设方案、综合数据库建设方案、应用支撑平台建设方案、主要业务系统建设方案及系统的配套保障技术方案。同时,为保证水利信息化系统的顺利建设和有效运行,严格遵循国家基本建设管理有关的法律法规,采用先进的管理手段,建立行之有效的工程建设管理和系统运行管理制度。全书具有综合性、实用性和创新性的特点。

　　本书可作为高等院校水利工程专业及计算机专业的高年级本科生和研究生的教学与科研参考书,同时适合各级水利工程建设、管理、设计单位和职能管理部门的工作人员阅读参考。

图书在版编目(CIP)数据

沈阳市水利信息化建设理论与实践/严登华等编著.
郑州:黄河水利出版社,2011.7
ISBN 978 - 7 - 5509 - 0080 - 6

Ⅰ.①沈…　Ⅱ.①严…　Ⅲ.①水利工程 - 信息技术 -
研究 - 沈阳市　Ⅳ.①TV - 39

中国版本图书馆 CIP 数据核字(2011)第 133294 号

出　版　社:黄河水利出版社
　　　　　　地址:河南省郑州市顺河路黄委会综合楼 14 层　邮政编码:450003
发行单位:黄河水利出版社
　　　　　　发行部电话:0371 - 66026940、66020550、66028024、66022620(传真)
　　　　　　E-mail:hhslcbs@ 126. com
承印单位:河南地质彩色印刷厂
开本:787 mm × 1 092 mm　1/16
印张:11
字数:254 千字　　　　　　　　　　印数:1—1 000
版次:2011 年 7 月第 1 版　　　　　印次:2011 年 7 月第 1 次印刷
定价:35.00 元

前　言

信息化是当今世界经济和社会发展的大趋势,也是我国产业优化升级和实现工业化、现代化的关键环节。水利信息化建设就是指在全国水利业务中充分利用现代信息技术,深入开发和广泛利用水利信息资源,包括水利信息的采集、传输、存储、处理和服务,建设水利信息基础设施,解决水利信息资源不足和有限资源共享困难等突出问题,提高防汛减灾、水资源优化配置、水利工程建设管理、水土保持、水质监测、农村水利水电和水利政务等水利业务中信息技术应用的整体水平,带动水利现代化,全面提升水利事业活动效率和效能的过程。因此,开展水利信息化建设是水利现代化的基础和重要标志,是保障水利与国民经济发展相适应的必然选择。

近年来,我国水利信息化建设工作已取得重大进展,主要体现在信息采集和网络设施建设逐步完善、水利业务应用系统开发逐步深入、水利信息资源开发利用逐步加强、水利信息安全体系逐步健全、信息化新技术应用逐步扩展、水利信息化行业管理逐步强化等。但目前我国水利信息化建设仍然处于起步阶段,存在地区发展不均衡、建设体制不完善、信息资源不充足、管理维护不及时等一系列亟待解决的问题。为此,2009 年全国水利信息化工作会议明确了今后 3～5 年我国水利信息化发展的总体目标,即"建成完善的水利信息化基础设施,形成完善的水利信息化业务应用体系,建立完善的水利信息化保障环境"。本书依据全国水利信息化建设目标,在系统分析我国水利信息化系统现状及存在问题的基础上,以沈阳市水利信息化建设为例,提出沈阳市水利信息化建设的总体设计方案,主要包括:基础设施建设方案、综合数据库建设方案、应用支撑平台建设方案、主要业务系统建设方案及系统的配套保障技术方案等,以实现沈阳市水利信息化发展的总体目标。

全书共分 10 章。第 1 章绪论,介绍了水利信息化的内涵,概述了我国水利信息化建设的实践需求、发展历程、现状与存在问题及未来发展趋势,并结合沈阳市水利信息化建设现状,分析其目前建设存在的问题及未来发展即将面临的形势。第 2 章沈阳市水利信息化发展思路及主要任务,主要确立了水利信息化建设的总体思路及主要任务,为指导实践操作提供理论依据。第 3 章沈阳市水利信息化建设的总体结构设计,在遵循设计原则及建设目标的基础上,从核心服务、辅助服务、外部服务三个层面构建了水利信息化系统,并概述了 Java EE 技术体系、基于 SOA 的规划体系、基于构件的开发模型、GIS 技术等水利信息化建设中的关键技术体系。第 4 章基础设施建设方案,建立了完善的水利信息采集系统及网络系统。第 5 章综合数据库建设方案,依据设计原则,从在线监测数据库、基础信息数据库及业务管理数据库三个方面阐述综合数据库的设计。第 6 章应用支撑平台建设方案,从系统资源服务、公共基础服务及应用服务三个方面构建了应用支撑平台。第 7 章主要业务系统建设方案,完成了实时信息接收与处理系统、防汛抗旱指挥调度系统、水资源管理系统、灌区信息管理系统等 7 个主要业务系统的建设方案。第 8 章水利信息化系统的配套保障技术，完成了水利信息化安全体系、规范体系及系统集成的设计。第9章水利信息化系统建设与运行管理，制定了一套行之有效的建设及运行管理制度。第10章结论与展望，对沈阳市水利信息化建设的理论研究与实践探索工作进行了总结，并提出今后的发展趋势。

全书编写分工如下：第1章由严登华、蒋云钟编写；第2章由石军、马志伟、王仕君编写；第3章由杨志勇、马静编写；第4章由鲁帆、郑晓东、王利娜编写；第5章由李传哲、刘佳、杨志勇编写；第6章由殷俊遥、杨志勇编写；第7章由严登华、王仕君、张兰霞编写；第8章由于赢东、袁喆编写；第9章由蒋云钟、马志伟编写；第10章由严登华、石军编写。全书由严登华、石军、马志伟统稿。

由于水利信息化系统本身学科交叉的复杂性，加之受时间和水平所限，书中的理论介绍有失完整，也在所难免地存在错误，敬请各位读者批评指正。

作　者

2011 年 3 月

目 录

第1章 绪 论

1.1 水利信息化的内涵

信息化是当今全球经济和社会发展的大趋势,也是我国产业结构优化升级和实现工业化、现代化的关键技术环节。水利信息化是指利用现代信息技术,深入开发和广泛利用水利信息资源,促进信息交流和资源共享,实现各类水利信息及其处理的数字化、网络化、集成化、智能化。水利信息化过程是全面提升水利为国民经济和社会发展服务的能力和水平的过程。

水利信息化可以提高信息采集、传输、存储、处理及服务的时效性,并提升其自动化水平。水利信息化是水利现代化的基础和重要标志;是为适应国家信息化建设、信息技术发展趋势、流域和区域管理的基本要求;是大力推进水利信息化进程,全面提高水利工作科技含量,保障水利与国民经济发展相适应的必然选择。

水利信息化的目的是提高水利为国民经济和社会发展服务的水平与能力。水利信息化建设要在国家信息化建设方针指导下,适应水利为全面建设小康社会服务的新形势,以提高水利管理与服务水平为目标,以推进水利行政管理和服务电子化、开发利用水利信息资源为中心内容,立足应用,着眼发展,务实创新,服务社会,保障水利事业的可持续发展。

水利信息化的首要任务是在全国水利业务中广泛应用现代信息技术,建设水利信息基础设施,解决水利信息资源不足和有限资源共享困难等突出问题,提高防汛减灾、水资源优化配置、水利工程建设管理、水土保持、水质监测、农村水利水电和水利政务等水利业务中信息技术应用的整体水平,带动水利现代化。

1.2 我国水利信息化建设概况

1.2.1 水利信息化建设的实践需求

加快水利信息化步伐,以水利信息化带动水利现代化,是一项事关水利发展全局的重大战略任务,意义十分重大。水利部部长陈雷在2009年全国水利信息化工作会议上从顺应全球信息化发展潮流、武装和改造传统水利、发展民生水利、提高水利管理能力和水平、推动水利部门职能转变等5个方面阐述了水利信息化建设的重要意义。

1.2.1.1 加快水利信息化建设是顺应全球信息化发展潮流的迫切需要

当前,信息资源日益成为重要生产要素、无形资产和社会财富,信息网络逐渐普及并日趋融合,信息化与经济全球化相互交织,推动着全球产业分工的深化和经济结构的调整。信息技术正演变为影响国家综合实力和国际竞争力的关键因素,全球信息化正在重塑世界政治、经济、社会、文化和军事发展的新格局。加快信息化发展,已经成为世界各国的共同选择。国家高度重视信息化工作,把信息化提升到国家战略的高度,作出了以信息化带动工业化、以工业化促进信息化、走新型工业化道路的战略部署,并强调把推进国民经济和社会信息化放在优先位置,把大力推进信息化作为我国在 21 世纪头 20 年经济建设和改革的一项主要任务。水利信息化是国家信息化建设的重要组成部分,"金水工程"(即水利信息化工程)被确定为国家信息化建设"十二金"业务系统之一。在经济社会迅速发展、信息技术日新月异的形势下,水利信息化不进则退,只有顺应世界信息化发展潮流,加快推进水利信息化,才能实现水利又好又快发展的战略目标。

1.2.1.2 加快水利信息化建设是武装和改造传统水利的迫切需要

水利信息化是实现水利现代化的重要标志。推进水利现代化,很重要的一个方面就是要充分利用现代信息技术,武装和改造传统水利,提高水利工作的信息化和自动化水平。水利部党组高度重视水利信息化建设,把大力推进水利信息化作为带动和实现水利现代化的一项重要工作,采取了一系列有力措施推动水利信息化建设,已取得明显进展。但从总体上看,水利信息化基础设施依然薄弱,信息技术应用水平仍然不高,水利信息化发展很不平衡,特别是中西部地区水利信息化建设明显滞后。为有效解决洪涝灾害、干旱缺水、水污染和水土流失等 4 大水问题,提升水利服务经济社会发展的整体能力和水平,就必须大力推进水利信息化,广泛利用现代信息技术,提高水资源的调控能力、水工程的自动化水平和水管理的信息化水平,从根本上摆脱水利行业技术较为落后、管理较为薄弱的状况,推进水利发展方式的根本转变,不断提高水利行业现代化水平。

1.2.1.3 加快水利信息化建设是发展民生水利的迫切需要

民生水利工程点多面广,要确保工程建成管好、长期发挥效益,就必须有现代化的信息系统作支撑。目前,民生水利工程的信息化建设相对滞后,各类民生水利工程的综合性应用平台建设尚未启动,信息化网络在覆盖范围和容量上还远远满足不了民生水利发展的需要。特别是农村饮水安全工程的信息化基础设施还很薄弱,小型水库普遍缺乏自动监控系统,大部分蓄滞洪区通信设施比较落后,山区防御山洪灾害的信息化手段严重不足。必须针对民生水利工程的特点,积极研发推广操作简便、功能实用、运行稳定、维护方便的信息化管理设备和应用系统,加快建设覆盖城市、农村及大中小流域的基层水利信息采集体系,大力加强工程建设、资金使用、安全运行、日常管理等各类基础信息资源的开发利用,着力提高水利信息的标准化、数字化和规范化程度,进一步提升民生水利各个领域信息化发展水平,以水利信息化促进民生水利的新发展。

1.2.1.4 加快水利信息化建设是提高水利管理能力和水平的迫切需要

解决我国日益复杂的水资源问题,既要加快水利基础设施建设,着力提高水利保障能力和水平,又要落实最严格的水资源管理措施,保证水资源永续利用和水利工程持续发挥效益。水利信息化建设不仅是一场新技术革命,而且是一场深刻的管理革命。大力推进水利信息化,广泛采用现代信息技术,有助于促进涉水各学科的交叉融合,提高对水资源变化及其规律的认识和把握,及时采取相应的对策措施,使得治水思路、方略和决策建立在更为科学民主的基础之上;大力推进水利信息化,充分发挥技术、知识等新的生产和管理要素在水利发展中的重要作用,有助于实现对水资源开发利用和节约保护的精确控制,减少资源消耗、空间占用和污染排放,促进水资源的可持续利用;大力推进水利信息化,建立和完善各类水利应用系统,建立以信息流为主线的新的管理模式,有助于及时应对和解决水旱灾害及突发性水利事件,不断提升水资源配置、节约、保护和管理的能力与水平。

1.2.1.5 加快水利信息化建设是推动水利部门职能转变的迫切需要

进入信息社会,政府的公共管理环境发生了深刻变化。充分开发和有效利用信息资源,已成为履行政府职能的客观要求,也是推动政府职能转变的重要途径。中共十七大报告明确指出,要"健全政府职责体系,完善公共服务体系,推行电子政务,强化社会管理和公共服务"。水利作为公益型和信息密集型行业,在信息时代所承担的社会管理和公共服务职能更加凸显。加快水利信息化,必然带来水利部门现有管理职能和业务流程的重组优化,推动组织创新、管理创新和制度创新。加快水利信息化,有利于推进水利政务公开,加强水利部门与社会公众的互动,保障人民群众的知情权、参与权、表达权、监督权。加快水利信息化,有助于深化水利行政审批制度改革,推进审批项目、流程、规则的公开化、制度化和规范化。加快水利信息化,建立支持涉水事务管理的信息平台和协同运作方式,有助于打破部门和行业分割,促进团结治水、合力兴水。

1.2.2 水利信息化建设的发展历程

我国水利信息化建设起步较早,在开始阶段,曾一度领先于其他行业。1998 年以来,中共中央、国务院高度重视水利工作,水利事业进入了一个前所未有的快速发展阶段。2003 年,首次全国水利信息化工作会议暨国家防汛抗旱指挥系统工程建设工作会议在上海成功召开。同年,水利部正式颁布了《全国水利信息化规划》。从此,我国水利信息化建设进入快速发展阶段。我国水利信息化建设中的重大事件如表 1-1 所示。

表 1-1 我国水利信息化建设中的重大事件

年份	水利信息化建设领域重大事件
2003	1. 首次全国水利信息化工作会议暨国家防汛抗旱指挥系统工程建设工作会议成功召开; 2. 水利部正式颁布《全国水利信息化规划》; 3. 《水利部信息化建设管理暂行办法》正式颁布施行; 4. 水利部正式颁布《水利信息化标准指南(一)》; 5. 全国 30 个大型灌区的信息化建设试点工作全面展开; 6. 黄河水量总调度中心正式启用
2004	1. 水利电子政务综合应用平台和 7 个流域电子政务系统(一期)建设全面启动; 2. 覆盖全国 7 个流域和 31 个省(自治区、直辖市)的水利信息骨干网络与中央网络中心基本建成
2005	1. 《全国水利信息化发展"十一五"规划报告》编制完成,《全国水利通信规划》通过水利部审查; 2. 水利部出台《关于进一步推进水利信息化工作的若干意见》; 3. 国家防汛抗旱指挥系统一期工程项目建设正式被批准并开工建设; 4. "十五"期间水利信息化重点工程建设取得新进展

续表 1-1

年份	水利信息化建设领域重大事件
2006	1. 水利部正式颁布《水利信息网运行管理办法》和《水利部政务内网管理办法》； 2. 全国 15 个省（自治区、直辖市）的 18 个城市开展了城市水资源实时监控与管理系统试点建设； 3. 水利系统第一家高性能计算中心——黄河超级计算中心在郑州挂牌成立
2007	1. 防汛抗旱异地会商视频会议系统应用广泛； 2. 水利部组织开展了水利行业信息系统的安全等级保护定级工作； 3.《国家水资源管理系统项目建议书》编制完成
2008	1. 国家自然资源与地理空间数据库建设全面实施； 2. 水利部、7 个流域机构电子政务综合应用平台、CA 身份认证系统和综合办公系统正式联通运行； 3. 全国水土保持监测网络和信息系统一期工程竣工； 4. 水利部印发《加快推进水利信息化资源整合与共享指导意见》； 5. 水利部印发《水利网络与信息安全事件应急预案》
2009	1.《水利信息系统运行维护定额标准》颁布实施； 2.《水利信息化发展"十二五"规划》编制正式启动； 3. 国家防汛抗旱指挥系统一期工程全部单项工程通过竣工验收； 4. 全国水土保持监测网络和信息系统建设二期工程正式启动； 5. 水利部正式颁布《水利数据中心建设指导意见和基本技术要求》
2010	1.《水利电子政务建设基本技术要求》和《水利网络与信息安全体系建设基本技术要求》通过审查； 2.《水利信息化》杂志正式出版发行

1.2.3 水利信息化建设的现状与存在问题

近年来，随着经济社会的不断进步、信息技术的迅猛发展和水利事业的全面推进，水利信息化建设逐步深入，已经初步形成了由基础设施、应用系统和保障环境组成的水利信息化综合体系，有力地支撑了水利勘测、规划、设计、科研、建设、管理、改革等各项工作，特别是在应对频繁发生的洪涝台风干旱灾害、防范汶川特大地震次生灾害、抗御南方低温雨雪冰冻灾害以及黄河水量统一调度、珠江压咸补淡应急调水、北京奥运会供水安全保障、解决太湖蓝藻暴发供水危机、水土保持科学考察等工作中，发挥了极其重要的作用，推动了水利发展方式的深刻转变。水利部部长陈雷在 2009 年全国水利信息化工作会议上从信息采集和网络设施建设、水利业务应用系统开发、水利信息资源开发利用、水利信息安全体系、信息化新技术应用、水利信息化行业管理等 6 方面总结了我国水利信息化建设取得的重大进展。

1.2.3.1 信息采集和网络设施逐步完善

全国省级以上水利部门已建成各类信息采集点约 2.7 万个,其中自动采集点占 47.5%,信息采集的精确性、时效性、有效性以及工程监控的自动化水平显著提高。水利信息网络覆盖范围不断扩大,水利部机关、在京直属单位、7 个流域机构、31 个省级水行政主管部门及新疆生产建设兵团水利部门都建设了局域网,其中 62.5% 的单位专门建立了政务内网。水利信息广域网不断扩展,骨干网络与地市水利部门联通率达到 63.1%,北京、上海、江苏、浙江、广东等省市实现了区县级水利部门的全覆盖。水利通信网逐步完善,基本建成包括 1 个卫星主站、500 多个卫星终端小站的全国防汛卫星通信网。服务器等硬件设备日趋完善,各级水利部门的视频会议系统连接单位达 460 多个,部分省市联通到区县甚至乡镇水利单位。

1.2.3.2 水利业务应用系统开发逐步深入

国家防汛抗旱指挥系统一期工程建设进入收尾阶段,建成水情分中心、工情分中心 119 个,形成覆盖 7 大流域机构和省级水行政主管部门的计算机骨干网络和异地会商视频会议系统;基本完成信息采集和决策支持系统建设任务,显著提高了防汛抗旱实时监测、预报预警和科学决策水平。完成全国水土保持监测网络和信息系统一期工程,建成 2 个流域监测中心站、13 个省级监测总站和 100 个分站,开发了全国水土保持空间数据发布系统,有效支撑了水土保持科研、规划、监测评估、监督执法和治理修复等工作。在全国 18 个省级行政区的 24 个城市开展了水资源实时监控与管理信息系统建设试点,建成水资源监控调度中心 10 多处,中心站、各类监测点 337 处,开发了相关业务应用系统,有力提升了水资源调度和配置能力。结合全国大型灌区续建配套与节水改造工程,在 29 个灌区开展了信息化试点。采用“集中开发、分别部署、个性化定制”策略,按照“1+7”模式建成了水利部机关和 7 个流域机构统一技术架构的电子政务综合应用平台,开发了综合办公、规划计划、人事劳动教育、国际合作与科技管理等电子政务系统,促进了行政职能、办公方式和服务手段的转变。

1.2.3.3 水利信息资源开发利用逐步加强

目前,省级以上水利部门在线运行数据库 469 个,数据量约 14 457 GB,数据内容覆盖水利业务方方面面,一些单位还初步构建了数据中心。在防汛抗旱、水土保持、水资源管理等日常工作中,充分利用水文信息采集站网,采集水情、雨情、水质、地下水、水土流失、供排水等各种信息,并依托水利信息骨干网和水利政务内网进行信息的报送与传输。空间地理基础信息资源开发取得重大进展,组织开发了 1∶25 万水利基础电子地图,并向流域机构、省级水利部门以及部分直属单位分发,为水资源综合规划、流域综合规划等重要工作提供了数据支撑。

1.2.3.4 水利信息安全体系逐步健全

在安全管理方面,完成了水利部重要信息系统的安全等级保护定级工作,并获国家信息安全等级保护工作最佳实践奖;制定出台了水利网络与信息安全事件应急预案;大多数省级水利部门成立了负责信息系统安全的专门机构,配备了专职安全管理员,制定并落实了安全管理制度。在物理环境安全保障方面,全国约 3/4 的水利单位建设了专用机房,大多数机房配置了专用设备,采取了安全措施,水利部机关及部分流域机构建设了标准屏蔽机房。在网络安全运行方面,水利政务外网骨干网采用了冗余技术,配置了各类安全防护系统;各级水利部门及时对网络主机系统进行升级和优化,提高抗攻击能力,不少单位对关键服务器采用双机或多机系统。在系统和数据安全方面,建立了水利部机关、在京直属单位和流域机构统一的政务内网数字证书认证系统及电子签章系统,保障了水利信息数据传输安全,超过半数的省级水利部门建设了集中备份恢复系统。

1.2.3.5 信息化新技术应用逐步扩展

遥感技术已广泛应用于灾害性天气预报和水旱灾害监测;以地理信息系统(GIS)技术为支撑的水利空间数据建设、管理和业务应用迅速展开,全球定位系统(GPS)在长江、黄河等大江大河的水下地形及部分河道、蓄滞洪区以及大比例尺地形测量中得到实际应用;视频会议系统在防汛抗旱远程会商和指挥调度过程中发挥了突出作用;可视化技术正逐步应用于流域和水利对象的跟踪、模拟展示与管理,越来越多的数学模型、分析软件在水利工作中得到应用。

1.2.3.6 水利信息化行业管理逐步强化

水利信息化建设的组织体系初步建立,全国省级以上水行政主管部门都成立了信息化工作领导小组及其办公室。水利信息化规划工作不断加强,水利部、7 个流域机构,北京、河北、上海等 18 个省(自治区、直辖市)先后制定并实施了水利信息化规划。水利信息化标准体系不断完善,水利部已颁布水利信息化行业标准 22 项,82 项信息化标准列入2008 年新修订的水利技术标准体系。水利信息化制度建设不断推进,水利部陆续出台了水利信息化建设、管理、资源整合等方面的制度和指导意见,不少地方水利部门和流域机构也先后出台了相关管理制度。水利信息化队伍不断壮大,人员结构渐趋合理,业务技能稳步提升。水利信息系统运行维护明显加强。

虽然近几年水利信息化工作取得很大成绩,但相对于水利工程建设的历史而言,水利信息化的建设才刚刚起步,还存在地区发展不均衡、认识不完全到位、体制没有完全理顺、信息资源整合共享不足、管理维护比较薄弱等一些亟待解决的问题。面对水利现代化发展的形势,特别是距离全面建设小康社会,落实科学发展观,建设节约型社会,实现人水和谐、经济社会可持续发展的要求,水利信息化工作还存在较大差距,需要继续采取有力措施切实加以解决。

1.2.4 水利信息化建设的发展趋势

2009 年全国水利信息化工作会议明确了今后 3 ~ 5 年我国水利信息化发展的总体目标:

一是建成完善的水利信息化基础设施。建设布局合理、功能齐全、高度共享的水利信息综合采集体系,基本满足水利业务应用需要;扩展全国水利信息网和视频会议系统覆盖范围,实现县级以上水利部门的互联互通;基本建成国家、流域和省级水利数据中心,实现水利重要信息资源的共享;加快水利卫星通信网建设,增强水利应急通信保障能力。

二是形成完善的水利信息化业务应用体系。全面完成水利信息化重点工程建设并发挥效益,逐步实现跨业务系统的协同应用,完成所有地市级以上水利部门的门户网站建设,水利系统电子政务应用和服务体系日臻完善,社会管理与公共服务的信息化水平显著增强。

三是建立完善的水利信息化保障环境。建立科学系统的信息技术标准体系,完成全国重要水利信息系统安全等级保护工作,建立可靠的信息安全保障体系、高效的系统运行维护体系和专业人才队伍,提高信息安全保障能力。

为实现以上目标,必须着力做到"五个转变"。

1.2.4.1 从局部单一发展向整体全面推进转变

水利信息化建设初期,为了满足局部工作和部门业务的需要,单一局部的水利信息化发展是适宜的,但同时也带来了各自为战、信息分割等弊端。随着社会的进步和水利管理方式的转变,对水利业务应用的一体化、全局化及水利信息服务的公开化、社会化要求越来越高。这就决定了水利信息化必须实行全国"一盘棋"的全面整体发展战略,综合考虑国家信息化发展要求和水利事业发展需求,统筹流域区域、东中西部、城市农村水利信息化发展布局,协调不同业务领域的信息化建设,实行统一规划,实施顶层设计,区分轻重缓急,有步骤、有计划、有层次地推进水利信息化建设。

1.2.4.2 从信息技术驱动向应用需求带动转变

信息技术的快速发展,促进了水利信息化建设水平的不断提高,同时也出现了为信息化而信息化,贪大求新,盲目追求高标准和套用先进技术的现象,既加大了建设投资,又增加了系统复杂性,还浪费了系统资源。要深入总结以往的经验教训,在充分利用先进技术的同时,更加注重从实际出发,紧密围绕水利建设、管理和改革的需求,建立以应用需求为导向的科学发展模式,有针对性地开发先进实用的业务系统,着力突破重点领域和关键环节信息化瓶颈,确保需要一个建设一个,建成一个用好一个。

1.2.4.3 从信息资源分散使用向共享利用转变

在传统管理模式中,信息和资源由各个管理部门分别管理,"信息孤岛"现象严重,信息系统的作用和效能得不到充分发挥,阻碍了信息化发展和业务应用水平的提升。要采取有力措施,综合运用多种手段,打破信息资源的部门分割、地域分割与业务分割,充分考虑软硬件在不同系统间的兼容性,规范技术标准,加快系统集成,加大资源整合,加强数据共享,建设信息交换平台,对行业内部要最大程度地共享信息资源,对社会公众要最大程度地开放公共信息,实现资源优化配置、信息互联互通、政务公开透明,促进信息系统效能最大化。

1.2.4.4 从片面强调建设向建设与管理并重转变

信息系统建设结构复杂、涉及面广,随着应用需求、客观环境的变化,需要不断进行升级完善,管理也就成为建设的延伸,这是信息系统的最大特点。随着水利业务工作对信息化需求的日益增长,水利信息技术的广泛运用,水利信息系统规模的不断扩大,加强信息系统管理和运行维护尤为重要。必须深入研究各类水利业务应用系统的特点,制定相应的管理制度和技术规范,落实运行维护经费,强化日常管理,使水利信息系统建得成、用得好、受益长。

1.2.4.5 从注重应用向统筹应用和安全管理转变

在日趋严峻的网络和信息安全形势下,网络攻击、病毒入侵和信息泄密防不胜防,一旦发生安全事件就可能对正常应用甚至国家信息安全造成严重危害。因此,必须高度重视信息安全和保密,积极预防、综合防范,积极探索和把握信息化与信息安全的内在规律,根据水利工作和应用系统需要,建立科学完备的技术安全体系和严密规范的安全管理制度,切实保障网络安全、系统运行安全和信息安全。

总之,我们要以放眼世界信息化潮流的宽广视野,站在经济社会可持续发展的战略高度,着眼建设现代水利的宏伟目标,充分认识加快水利信息化的重大意义,进一步增强使命感、责任感和紧迫感,把水利信息化建设作为水利发展的优先领域,推动水利信息化实现新的突破和历史性跨越。

1.3 沈阳市水利信息化建设概况

1.3.1 沈阳市水利信息化建设现状

1.3.1.1 信息采集与传输现状

沈阳市水利信息采集监测点主要有两类,一类隶属于辽宁省水文局沈阳分局,这类监测点为沈阳市水利局提供水文方面的信息,包括雨量、水位等水文信息,这类水文信息主要为沈阳市防汛抗旱业务提供原始数据,同时,也可为水资源管理等业务服务。另一类监测点隶属于沈阳市水利局,由沈阳市水利局信息中心及所属各事业单位建设并负责运行维护。这两类监测点提供了信息系统的基本监测数据。

1.3.1.2 计算机网络现状

沈阳市水利局计算机网络系统采用星形结构,这种结构是由通过点链路接到中央节点的站点组成的。网络中有唯一的转发节点(中央节点),每一个计算机通过单独的通信线路连接到中央节点上。优点是利用中央节点可方便地提供服务和重新配置网络;单个节点有故障时只影响一个设备,不影响全网,便于维护;访问协议十分简单,便于操作。

网络系统核心是华为的 3526 交换机,互联 4 个不同的业务网,即视频会议网、监控网、水利厅专网以及水利局内网。其中只有水利局内网接入了互联网,其他三网均以网通的 2 M 专线实现广域互联。在业务访问上:视频会议网和水利局内网单向访问监控网和水利厅专网,并和水利局内网进行文件传输;水利厅专网单向访问监控网;水利局内网访问互联网以便浏览信息及网络办公。

沈阳市水利局网络中心设在北二楼中心机房内,各楼层配线间与中心机房通过室内多模光纤连接,中心机房按专业机房装修设计,已具备集中接地及集中 UPS 后备供电,经过 2 年建设,内部网络已具备百兆三层交换能力,100 M 带宽到桌面,会议、视频、办公自动化等各子系统均采用二层独立交换设备及独立服务器。大楼内部办公网络与各分支机构间通过互联网采用 VPN 防火墙加密联接,中心网络出口采用专业防火墙进行防护。

1.3.1.3 应用系统现状

目前,沈阳市已建成 4 大基本应用系统,即云图接收浏览系统、实时水情信息演示系统、办公自动化系统、地理信息系统。具体情况如表 1-2 所示。

表 1-2 应用系统现状

系统名称	使用单位	运行平台	主要功能	使用状况	开发平台
云图接收浏览系统	防汛办、信息中心等	WIN XP	接收和浏览云图	很稳定	
实时水情信息演示系统	防汛办、信息中心等	WIN 2000	用于演示实时水情信息	比较稳定	ASP 等
办公自动化系统	水利局	WIN 2000	用于水利局日常办公	比较稳定,功能有待改进	ASIP 等
地理信息系统	防汛办等相关业务处室	WIN2000、MAPINFO、ARCINFO、SQL、ORACLE数据库等	查询各种水利工程信息,并全方位展示	比较稳定,功能有待完善和加强	MAPINFO、ARCINFO、SQL、ORACLE数据库等

1.3.1.4　数据库建设现状

目前,沈阳市已经建成以 SQL 数据库为底层的基础的水位和雨量站数据库;以 MAPINFO、ARCINFO、SQL 和 ORACLE 数据库为载体分散保存了沈阳市的重要线画图、影像图片、河道和水库等水利工程的矢量信息及其属性信息资料;还有部分重要会议、重要活动、水利工程的录像和照片资料,是以文件形式保存的。

1.3.2　沈阳市水利信息化建设存在的问题

通过对沈阳市水利系统信息化现状的调研可以发现,沈阳市水利信息化建设虽然取得了一定成绩,但与国内水利信息化先进城市相比还存在很大差距,尚存在以下几个重要问题:

(1)信息化建设缺乏统一规划,重点信息化建设项目缺乏统筹规划,相互兼容性差,加大了信息化建设成本,限制了建设项目充分发挥作用。

(2)计算机网络和安全需进一步扩展与完善。

(3)信息系统开发平台和建设标准不统一,系统不兼容,数据资料共享困难,水利信息化建设与管理体制仍需改进,运行管理费用严重不足,维护与更新没有保障。

(4)决策支持系统很不完善,全面的洪水预报调度、灾情评估、形势分析、风险分析、可视指挥调度等基本功能还未实现。

(5)业务应用系统规范性较弱,各业务部门不同程度地建设了自己的业务应用系统,标准化程度较低、功能相对单一、系统协调性差,部门间信息共享和业务协同程度低,业务系统相互分割的现象严重。

(6)现有的信息采集体系还很不完善,信息的数字化和规范化程度不高。

(7)指挥调度功能不强,在防汛通信、计算机网络上覆盖面偏小,应急抢险指挥系统建设滞后,对突发事件缺乏统一指挥的手段和设施。

（8）缺少面向社会公众提供全面水利信息服务的环境和手段。

（9）技术相对落后。目前各预报系统采用的数学模型等技术明显落后于当前的技术水平,不能满足当前的需要,硬件系统建设水平有待提高。

（10）专业技术人才比较缺乏,尤其缺少既熟悉信息技术又熟悉水利专业的复合型技术人才。

1.3.3 沈阳市水利信息化建设面临的形势

相对于水利工程建设的历史而言,沈阳市水利信息化建设才刚刚起步,尽管已经取得了很大成绩,但面对水利现代化发展的形势,特别是距离全面建设小康社会,落实科学发展观,建设节约型社会,实现人水和谐、经济社会可持续发展的要求,还存在较大差距。对照"十一五"水利发展和改革的要求,沈阳市水利信息化发展仍面临着十分严峻的挑战。

沈阳市水利信息化发展的有利条件主要表现在:

一是各级领导高度重视信息化建设,把大力推进信息化作为在21世纪头20年经济发展和改革的一项主要任务。由于水资源是国民经济和社会发展中的重要资源,水资源的可持续利用支撑着国民经济和社会的可持续发展,国家已将"金水工程"列入国家信息化建设优先实施的12个重要业务系统启动建设;水利部党组提出了"以水利信息化带动水利现代化"的发展思路,强调"水利信息化是水利现代化的基础和重要标志"。

二是水利信息化建设具有一定的基础。沈阳市已建设完成的一批水文自动测报和其他相关信息采集系统,使水利信息采集基础设施已具雏形,覆盖全市的水利信息网络框架初步形成,数据库的建设、更新、运行管理等方面也积累了初步经验。沈阳市已开发的一批专用业务的应用,经过实际工作的检验,也积累了一定的使用经验,为进一步开发、完善其功能和进行系统整合与集成奠定了基础。

三是水利信息化的行业管理得到明显加强。水利部和部分单位分别出台并落实了一系列与水利信息化建设管理相关的行业标准和规章制度,使得水利信息化的行业管理得到明显加强。

从整体上看,沈阳市水利信息化基础设施依然薄弱,突出表现为信息资源不足,信息共享困难,已有信息资源的综合共享服务能力较弱,支持综合应用和信息共享的综合数据库尚未建设,基于统一架构的多业务综合应用支撑平台亟待建立;支撑水利主要业务的全局性业务应用的建设大多处于起步阶段,各类水利业务应用的建设进度很不平衡;水利信息化建设工作和运行管理体制尚不够健全,与水利信息化的发展还不相适应。"服务目标单一,导致条块分割;标准规范不全,形成数字鸿沟;共享机制缺乏,产生信息壁垒;基础设施不足,阻碍信息交流"和"建设和运行维护管理体制与发展不相适应"仍然是未来水利信息化发展面临的主要难题。

沈阳市水利信息化建设的不足之处主要表现在:

一是信息化基础设施依然薄弱。现有的信息采集体系还很不完善,信息的时效较差、种类不全、内容不丰富、基准不同以及时空搭配不合理,信息的数字化和规范化程度不高;水利工程自动监控系统的建设还处于起步阶段;水利通信网在覆盖范围和容量上还远远满足不了需要,水利通信网还很不完善,36座中小型水库普遍缺乏通信保障,大部分蓄滞洪区通信手段十分落后,缺乏应急抢险通信能力;能够提供网络共享的信息较少,安全保障不够,网络利用效率不高;特别是支撑水利各类业务应用的综合性支撑平台和提供综合信息共享服务的综合数据库建设尚未启动,系统及信息安全体系建设薄弱,严重制约了水利信息化的发展和整体效益的发挥。

二是业务应用系统建设规范性依然较弱。由于水利各业务应用系统的建设与统一的信息化发展规划脱节,各级水利业务部门按照业务需要分别开发的应用系统标准化程度较低、功能相对单一、系统协调性差,信息资源开发利用层次较低,导致系统开发与应用的不规范和多样化,难以构成系统化的综合性应用成果,部门间信息共享和业务协同程度低,业务系统相互分割的现象依然存在,限制了系统能力的发挥,增加了建设与运行管理和维护的难度。相当多的水利业务数学模型还难以直接投入实际应用,制约了业务应用的技术水平和能力的进一步提高。面向公众服务、协同监管和决策支持的应用水平不高,特别是为全社会提供水利信息服务的能力还有待加强。

三是技术标准和资源共享机制建设依然滞后。由于技术标准的编制与实施需要一定的时间与实践的积累,加之限制有限信息资源实现共享的体制性障碍仍然存在,因此技术标准和资源共享机制的建设远跟不上水利信息化建设的步伐,安全保障能力有待提高,加上前期研究力度较小,更增加了解决问题的难度。

四是水利信息化建设与管理体制仍需改进。现行的各级水利部门信息化领导工作方式存在着一定的不适应,部门间协调工作量大,难度高,行政管理难以到位,建设与运行维护脱节,建设分散无序,盲目建设导致的浪费现象时有发生,"重建设轻应用"现象严重。对信息化工程建设与运用的系统性、长期性和关键性认识不足,导致投资难以筹措,资产折旧困难,运行管理费用难以落实,维护与更新没有保障。

第2章 沈阳市水利信息化发展思路及主要任务

2.1 沈阳市水利信息化发展的总体思路

2.1.1 指导思想

以邓小平理论和"三个代表"重要思想为指导,以科学发展观统领水利信息化工作全局,按照水利发展的指导思想,围绕水利发展与改革的目标,坚持全面规划、统筹兼顾、整体推进、突出重点,坚定不移地推进信息资源的全面共享和深度开发利用,努力为解决洪涝灾害、水资源短缺、水污染和水土流失等水问题提供有效的信息技术支撑,保障水利的可持续发展。

2.1.2 设计原则

沈阳市水利信息化系统建设要始终坚持"统一规划,各负其责;需求牵引,应用主导;平台公用,资源共享;急用先建,务求实效"的原则。

2.1.2.1 坚持统一规划,各负其责的原则

水利信息化建设必须在统一规划的指导下逐一落实,协调推进,尤其是关系全局的基础设施和重点业务建设。建设工作的组织要充分发挥各级水行政主管部门的积极性,各负其责,保证水利信息化有序推进。

2.1.2.2 坚持需求牵引,应用主导的原则

水利信息化建设要围绕水利中心工作,特别是紧紧围绕解决洪涝灾害、水资源短缺、水污染和水土流失等水问题展开。

2.1.2.3 坚持平台公用,资源共享的原则

在统一规划的前提下,充分利用公共信息基础设施和已建的水利信息基础设施,加快推进标准化与规范化建设。在统一制定水利信息资源管理基础标准与规范的基础上,全面推进综合性共享业务平台的建设。逐步健全和完善管理体制、配套政策法规,积极探索体制创新,以水利信息基础设施为支撑促进信息资源的广泛共享。

2.1.2.4 坚持急用先建,务求实效的原则

从业务应用需求的实际出发,在建设策略上区分轻重缓急,急用先建。优先建设信息基础设施,积极营造信息化保障环境,加快重点业务应用系统的建设,提高水利信息系统的安全性和可靠性,促进水利信息化健康发展。

2.1.3 发展思路

沈阳市水利信息化建设要在国家关于信息化建设的大政方针指导下,遵循国家信息化建设的总体规划,以信息技术应用为手段,以建设和完善水利信息采集、传输网络及综合数据库为基础,以水利信息资源开发为核心,以支撑可持续发展水利为主要目标,以健全政策法规、标准规范、组织管理和人才培训为保障,构建水利信息化综合体系。

在信息化建设过程中,一方面,按信息技术应用的特点,强调信息化综合体系的整体推进,推动水利信息化从部门分散建设向整体协同建设转变,以保证信息资源的共享和开发利用,强化信息系统对各部门核心职能和业务的支撑能力,达到提高水利工作能力与效益的目标;另一方面,根据项目管理和水利业务管理的要求与特点,以业务需求为牵引,组织项目的分期分批实施,突出重点,实现尽快投入生产应用的目的,促进全市范围内信息资源共享基础上整体能力的提高和信息化效益的充分发挥,推进各业务系统跨密级、跨安全等级的应用,加快信息系统从提高办公效率向提高业务效能的转变步伐。

在信息基础设施建设方面,水利信息化建设要以基础设施建设为重点,大力推进信息源和信息存储、共享、服务设施与机制的建设,丰富信息源,有效缓解业务应用中需求与信息资源不足、共享困难的矛盾,推动各部门业务系统间的互联互通、信息共享和按需协同互动。

在重点项目建设方面,水利信息化建设要以重点项目为龙头,依托关键技术开发、试验和示范系统建设,集中力量解决一些业务应用中存在的关键性难题,将信息技术更广泛地应用于水利日常业务工作中,重点加强社会公众关注度高、经济社会效益明显、业务流程相对稳定、信息密集、实时性强的业务系统建设,促进水利系统的能力建设,提升水利行政效率,提高水利行政决策水平。

在保障环境建设方面,水利信息化建设应注重信息化保障环境的建设,完善标准、政策和管理体制,大力加强安全体系建设,积极探索工程代建制、外包和托管等多种信息化建设与运行维护方式,逐步建立信息化建设与运行维护管理的长效运行机制,拓宽信息化建设投资渠道,力求在投资体制上有所创新,加快水利信息化进程。

2.1.4 建设目标

结合沈阳市实际情况,确定 2018 年之前的水利信息化发展的总体目标是:建立起比较完善的水利信息基础设施、功能比较完备的水利业务应用、统一规范的技术标准和安全可靠的保障体系,构建与水利改革和发展相适应的水利信息化综合体系,初步实现水利信息化,为全市经济持续发展对新时期水利工作的总体要求提供相适应的水利信息化支撑。至 2018 年,信息技术应用与水利业务需求紧密结合,使水利工作的效率和效能得到全面提高,水利工程体系的综合能力大大提升,技术水平与当时的国际先进水平相当,全面实现水利信息化。

2.1.4.1 信息基础设施

推进综合信息采集系统的建设,丰富信息采集内容、增强信息采集时效、提高系统利用效率,充分应用遥感、遥测、全球定位和其他实时自动采集与传输技术,初步形成从微观到宏观多层次协同作业、结构相对完备的综合信息采集体系。自下而上,建设从监测站水利通信接入网、分中心(区县水利部门、灌区管理处、河道管理中心)水利通信干线网和全市水利通信骨干网三个层次的通信网络系统,基本形成水利一体化通信网络平台。改造和扩建水利信息网,完成连接水利行业各级、各部门的全市水利信息网建设,初步形成覆盖全市水利业务部门(区县水利部门、灌区管理处、河道管理中心)的水利信息网,实现市水利局通达区县水利部门、灌区管理处和河道管理中心的宽带连接;建设与沈阳市政务骨干网相衔接的水利政务内网体系。

2.1.4.2　综合数据库

基本建成先进实用、安全可靠,集基础性、全局性的水利信息资源存储管理、共享与交换、发布、应用服务、安全管理、标准制订、技术支持等功能于一体的综合数据库,逐步形成标准、开放的水利信息化基础设施体系和水利信息资源的服务窗口,初步形成持续稳定的数据汇集、管理、维护的运行机制,具备为水利业务应用提供综合信息共享和应用支撑服务的能力,提供水利信息的社会化服务。

2.1.4.3　业务应用

完成防汛抗旱、水资源管理、水土保持管理、水利工程建设与管理、灌区信息管理业务应用的建设,基本满足主要水利业务对信息技术应用的需求,在全市范围内实现水利行政许可项目在线处理的目标。

2.1.4.4　保障环境

继续推进和完善以标准规范、安全体系、规章制度、人才队伍为重点的信息化保障环境建设,使之与基础设施和业务应用的发展相适应,重点完成以系统规划、设计、开发、验收和运行维护管理等基础标准为主体的水利信息化标准的编制与实施,建设与国家规定相一致的身份认证、授权管理和责任认定机制,初步形成信息系统应急响应与灾难备份体系,达到主要技术环节有标准、信息安全达到国家要求、建设与运行管理机制科学有效、人才队伍不断壮大的目标。

2.1.5　总体布局

水利信息化基础设施、综合数据库、业务应用系统、信息化保障环境四者共同组成了水利信息化综合体系,水利信息化系统总体布局如图 2-1 所示。

其中,水利信息化基础设施建设包括水利信息采集系统和水利信息网,是水利业务应用的支撑平台,是水利信息资源共享与利用的基础;综合数据库在水利信息汇集、存储、处理和服务的过程中发挥核心作用,是水利信息化综合体系的核心;业务应用系统主要包括防汛抗旱指挥调度、水资源管理、灌区信息管理、水土保持管理、水利工程建设与管理、协同办公、网上审批和水利信息公众服务;信息化保障环境由水利信息化标准体系、安全体系、建设及运行管理、政策法规、运行维护资金和人才队伍等要素构成,是水利信息化得以顺利进行的基本保证。

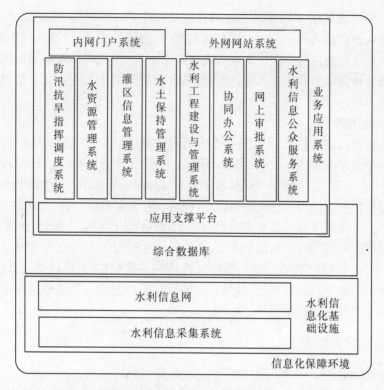

图 2-1 水利信息化系统总体布局

2.2 沈阳市水利信息化建设的主要任务

实现水利信息化发展目标,必须确保重点建设、充分利用资源、重视技术开发、强化保障措施、建设管理并重,着重完成以下建设任务。

2.2.1 加强基础设施建设

2.2.1.1 信息采集

继续依托各项业务建设专项规划,在对各项信息采集范围、内容作出统一部署的基础上,按照对现有系统进行充实整合的原则,推进综合信息采集系统的建设,丰富信息采集内容、增强信息采集时效、提高系统利用效率,逐步形成比较完整的综合信息采集体系,基本满足各项业务应用的主要信息需求。在积极建设、完善常规信息采集设施的同时,结合水利工程远程监控设施建设,大力推进信息采集新技术、新方法的引进与吸收,充分应用遥感、遥测、全球定位和其他实时自动采集与传输技术,逐步形成从微观到宏观多层次协同作业、结构相对完备的综合信息采集体系。

2.2.1.2 水利通信设施

围绕有效配置水利公共资源,提高政府在水利领域的社会管理和公共服务职能,保障防洪安全、供水安全、粮食安全和生态环境安全,实现以水资源可持续利用保障经济社会可持续发展的战略目标,充分利用公用通信网络资源,结合水利应用特点,自下而上,建设从监测站水利通信接入网、分中心(区县水利部门、灌区管理处、河道管理中心)水利通信干线网和全市水利通信骨干网三个层次通信网络系统,全面提高水利通信网对水利事业各项工作通信保障能力和服务水平,全面推进水利通信网作为一体化通信网络平台建设进程。

2.2.1.3　水利信息网

改造和扩建水利信息网,完成连接水利行业各级、各部门的全市水利信息网建设,初步形成覆盖全市水利业务部门(区县水利部门、灌区管理处、河道管理中心)的水利信息网,实现市水利局通达区县水利部门、灌区管理处和河道管理中心的宽带连接,为各级、各部门之间进行数据交换与信息传输提供载体和信道,满足数据交换、视频信息传输和语音通信等要求。全市各级水利信息网络均由市水利局负责组织统一规划,连接市水利局、区县水利部门、灌区管理处、河道管理中心的水利信息宽带骨干网由市水利局统一组织建设,并配置相应的网络管理设施进行管理。连接区县水利部门、灌区管理处、河道管理中心和下属机构的区县网应根据统一规划,由各区县组织建设。各区县网络的建设由所在区县按统一规划组织建设。

2.2.2　建设综合数据库

利用现代的通信、计算机、信息管理等技术,建成先进实用、安全可靠,集基础性、全局性的水利信息资源存储管理、共享与交换、发布、应用服务、安全管理、标准制订、技术支持等功能于一体的水利综合数据库,逐步形成标准、开放的水利信息化基础设施体系和水利信息资源的服务窗口,初步形成持续稳定的数据汇集、管理、维护的运行机制,具备为水利业务应用提供综合信息共享和应用支撑服务的能力,提供水利信息的社会化服务。

2.2.3　加快业务应用建设

业务应用系统是水利信息化建设的核心内容,将进一步深化信息化手段在防汛抗旱业务、水资源管理、水土保持管理、水利工程建设与管理、灌区信息系统,以及行政资源管理与共众服务等领域的应用,以业务应用加强水利信息化对水利现代化进程的带动作用。

水利业务应用系统建设依托于水利信息化基础设施,不同类型的业务系统对基础设施的要求差异很大,因此水利业务应用系统的建设要和水利信息化基础设施的建设相结合。并且,在水利业务应用系统建设过程中,应大力推进标准化与规范化,积极促进水利行业业务应用系统的软件产品化开发与推广应用,尽可能减少重复开发,降低成本,提高综合应用水平。

2.2.3.1　防汛抗旱业务

实施并初步完成覆盖全市的防汛抗旱业务应用建设,面向全市各级防汛抗旱部门及时地提供各类防汛抗旱信息,为防洪抗旱调度决策和指挥抢险救灾提供全面的技术支持。

2.2.3.2　水资源管理

以基础信息资源开发为基础、计算机网络系统为依托、政策法规与安全体系为保障,充分利用"3S"技术和水资源管理模型等手段,建成一个覆盖全市范围、提供多层次服务的水资源管理决策支持系统,基本形成支持全市水资源监测与优化配置业务处理的能力。

2.2.3.3 水土保持管理

全面开展水土流失观测和试验设施、数据采集与处理设备、数据管理和传输系统、水土保持数据和应用系统的建设,实现对沈阳市水土流失及其防治效果的动态监测和评价,为沈阳市水土保持生态建设提供决策依据。

2.2.3.4 水利工程建设与管理

水利工程建设与管理业务应用建设是收集和整理各类水利工程设施的基础资料、历史沿革、现状情况,存储和管理在建水利工程的设计方案、技术规范、移民方案以及进度控制、质量管理、招标活动、技术专家库,建设与管理的政策法规,建设、施工、监理、咨询等水利工程建设市场主体的资质资格等动态信息,提高水利基本建设、运行维护的管理水平和规范化程度。结合水资源实时监测调度的需要,积极推进水利工程远程自动可视化监控管理系统的建设与应用。

2.2.3.5 灌区信息系统

建设灌区基础数据库、灌区电子地图平台软件;完成数据的整编、入库;借鉴国外先进的用水管理软件经验,做好灌区水费计收系统建设工作;加强灌区基础数据库管理平台、灌区电子地图管理平台应用。

2.2.3.6 行政资源管理与公众服务

全面建成协同办公系统、网上审批系统、内网门户系统和外网网站系统,其应用水平达到国家电子政务建设目标的要求,全面支撑水利行政事务的处理。

2.2.4 推进保障环境建设

为保证水利信息基础设施与业务应用建设的顺利进行、运行的持续稳定和作用的有效发挥,保障环境的建设必须与之相结合、相协调,并适度超前。

保障环境的建设,不但包括各类标准、技术规范、政策法规的制定与执行,更主要的是建立水利信息化所涉及各类关系的协调机制。主要围绕进一步提高认识、坚持统一规划、全面启动系统建设等方面,制定和执行相应的政策法规与技术标准,同时做好保障环境自身的建设工作,并逐步过渡到采取相应的行政和技术手段,预防和解决水利信息化过程中存在的矛盾与问题。

2.2.4.1 标准规范

进一步完善水利信息化标准体系,制定并实施水利信息分类、采集、存储、处理、交换和服务等一系列技术标准,实现以信息共享为核心,为信息基础设施和业务应用建设的规划、设计与实施提供保障;制定水利信息系统功能、性能和风险测评规范及技术准入规章,建立水利信息系统投产测评和水利信息化技术标准制度。

2.2.4.2 安全体系

在依托重点信息化项目进行安全基础设施建设的基础上,制定并实施安全管理策略及相应的规章制度,健全安全管理机制,建设应急响应与灾备体系,基本保障网络、数据和应用等多层次的安全,逐步建成水利信息安全体系,达到国家的相关安全要求。初步形成以物理安全、运行安全、信息安全、管理安全为主要内容的安全体系,确保水利信息系统的安全可靠运行。

2.2.4.3　规章制度

通过研究与试点,进一步制定、完善并实施水利信息化建设与运行管理的规章制度和技术标准,使全市水利信息化建设基本上有章可循,管理有效,建设有序,不出现新的"信息孤岛",不发生大规模资源浪费,不引发系统性失败。

2.2.4.4　人才队伍

根据水利信息化需要,作出人才需求分析与人才队伍建设规划,制定人才政策,充分利用各种教育培训资源,采用在职培训与人才引进等多种方式,形成与水利信息化进程相适应的人才队伍。

第3章 沈阳市水利信息化建设的总体结构设计

3.1 水利信息化系统设计原则

3.1.1 需求主导,整合资源

以需求为主导,突出重点,认真开展需求分析工作,充分利用现有的通信及计算机网络、系统和数据资源,加强整合,促进互联互通、信息共享和平稳过渡。

3.1.2 先进实用,开放扩展

采用成熟的先进技术,保证所开发的系统具有较好的先进性、实用性和较长的生命周期。充分考虑到现代信息技术的飞速发展,使系统具有较强的开放性和扩展性,为技术更新、功能升级留出余地。系统的建设要紧密结合防汛抗旱的特点与实际运用环境,充分考虑系统的实用性和可操作性。

3.1.3 统一标准,保障安全

加快制定统一的标准体系,推进标准的贯彻落实。要正确处理发展与安全的关系,综合平衡成本和效益,建立完善的网络与信息安全保障体系,确保系统运行有高度的可靠性和安全性。

3.1.4 多方论证,综合比选

综合考虑信息采集、传输、处理和决策等各个环节应用的实际需要,在多方案论证、综合比选的基础上作出设计方案选择,以保证方案的合理性和科学性。

3.2 水利信息化系统建设目标

沈阳市水利信息化近期建设目标是通过信息采集系统的建设,提高信息采集时效,增强信息采集能力,丰富信息源;通过计算机网络系统建设,形成水利信息网络的基本骨架和初步的安全体系,满足沈阳市水利信息化业务的需要,为水利信息化系统的运行提供支持;通过应用支撑平台和数据库系统建设,初步形成水利综合数据框架,在全市范围内初步实现水利信息资源的交换与共享;通过防汛抗旱指挥调度系统、水资源管理系统和灌区信息管理系统等应用系统的建设,提高信息资源的开发应用能力与水平,达到全面提升全市水利信息化的目的。具体目标包括：

（1）通过沈阳市水利局直属测站的建设和改造，提高水利信息采集的精度和时效性，增强掌握各种水利信息的能力。

（2）通过分中心（两个灌区管理处、一个河道管理中心）所辖测站信息监测设备和通信设施的更新改造及分中心的建设，提高信息采集的精度及时效性，实现上述测站的采集信息20 min 内汇集到市水利局。

（3）建设市防汛抗旱指挥调度系统、水资源管理系统和灌区信息管理系统；建设水土保持管理系统、水利工程建设与管理系统的信息采集、信息服务等功能，提高水利业务的信息化程度，提高信息服务的整体水平。

（4）建设协同办公系统、网上审批系统、内外网门户系统，全面支撑水利行政事务的处理，提高水利信息为公众服务的水平。

（5）建立综合数据库，包括在线监测数据库、基础信息数据库和业务管理数据库等，在地理信息系统的支持下，实现基础信息的快速查询和显示。

（6）建设覆盖全市的计算机网络系统，提高信息传输的质量和速度，为水利信息的快速传输和异地会商提供网络保障，并基本满足水利综合业务对网络的需求。

3.3 水利信息化系统结构模型

水利信息化系统结构模型由六个核心服务层、三个辅助服务和一个外部服务组成。其中，核心服务层包括水利信息采集层、水利信息网络层、数据资源层、应用支撑层、业务应用层和应用交互层；辅助服务包括信息安全体系、标准规范体系和运维管理体系服务。水利信息化系统结构层次如图3-1 所示。

水利信息采集层：主要提供各种实时水利信息的采集和传输服务。

水利信息网络层：主要提供整个系统的网络服务。水利信息网络分为水利信息外网和水利信息内网，内外网物理隔离。

数据资源层：主要提供整个系统的在线监测数据、基础信息数据和业务管理数据服务。

应用支撑层：主要提供整个系统的集成技术服务，以及工具化的技术组件和有关业务组件服务。

业务应用层：主要提供整个系统建成后的水利综合应用信息化服务，包括：防汛抗旱指挥调度系统、水资源管理系统、灌区信息管理系统、水土保持管理系统、水利工程建设与管理系统、协同办公系统、网上审批系统和实时信息接收与处理系统。

应用交互层：主要提供整个系统运行的统一应用集成平台和信息门户展现服务。

信息安全体系服务：负责系统的各层运行的安全。

标准规范体系服务：为整个系统整合提供统一的业务标准、技术标准和管理标准。

运维管理体系服务：提供整个系统的性能、日志、监控等运行保障。

外部服务:提供整个系统运行的外部系统和已有系统的数据源。

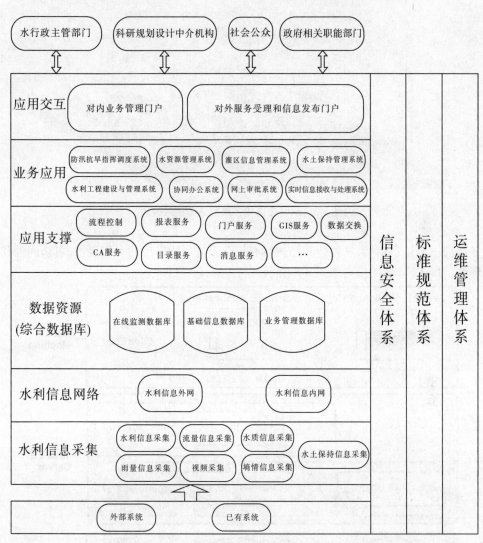

图 3-1　水利信息化系统结构层次

3.4　水利信息化系统关键技术体系

水利信息化系统的总体技术架构如图 3-2 所示。系统总体技术架构设计中关键性技术包括 Java EE(Java Platform,Enterprise Edition)技术体系、基于 SOA(Service-Oriented Architecture,面向服务架构)的规划体系、基于构件的开发模型、GIS(Geographic Information System,地理信息系统)技术、ROLAP(关系型联机分析处理)技术和数据库技术。

3.4.1　Java EE 技术体系

Java EE 应用模型从 Java 编程语言和 Java 虚拟机开始,定义了一种把各类服务实现

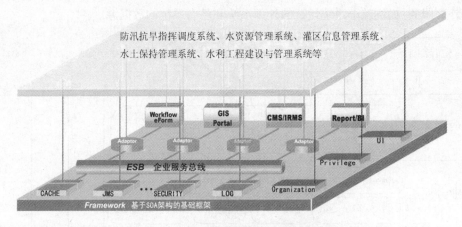

图 3-2 水利信息化系统的总体技术架构

成多层应用的体系结构,这种体系结构具有企业级应用所需要的可扩展性、可访问性和可管理性。Java EE 应用模型如图 3-3 所示。

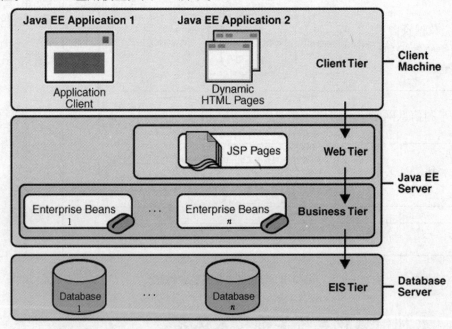

图 3-3 Java EE 应用模型

Java EE 规范里包含了多种技术,并形成一个有机的整体,主要包括:企业 Java Bean (EJB)技术;Java Servlet 技术;Java Server Page(JSP)技术;JSP 标准标签库(JSTL);Java Server Faces(JSF);Java 消息服务 API (JMS);Java 交易 API(JTA);Java Mail API ;用于 XML 处理的 Java API(JAXP);用于 XML Web 服务的 Java API(JAX – WS);用于 XML 绑定的 Java 体系结构(JAXB);Java 的带有附件的 SOAP API(SAAJ);用于 XML 注册器的 Java API(JAXR);J2EE 连接器体系结构;Java 数据库连接 API(JDBC)等。

Java EE 技术体系广泛采用组件技术,技术规范全面,并支持几乎所有的硬件和操作系统平台,更适合大型的系统和关键的业务,用户在操作系统和硬件的选择上具有更大的自由度。因此,Java EE 技术体系具备应用广泛、可靠性强、维护费用低等优势。

3.4.2 基于 SOA 的规划体系

SOA 是一种基于服务的计算和面向服务的应用程序体系架构。在这种体系结构中,所有功能被都定义为独立的服务,这些服务带有定义明确的可调用接口,可以以定义好的顺序调用这些服务来形成业务流程。图 3-4 形象地表述了"面向服务"的含义。

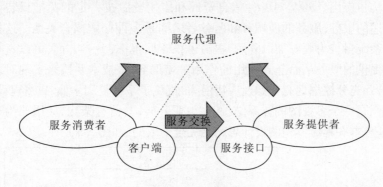

图 3-4 面向服务

在 SOA 的架构中,服务提供者通过标准机制来提供服务,同时服务消费者通过网络"有计划"地消费服务。服务代理发布服务的所处位置,并且当服务消费者发出服务请求时对这些服务进行定位。服务消费者和服务提供者的角色并不是独占的;服务提供者也可是服务消费者,反之亦然。

SOA 的本质是一种技术理念,在这种理念下要求从技术角度提供灵活的系统以支持易变的业务,通俗而言就是支持"随需应变"。SOA 也是一种体系结构,它不是任何诸如 Web 服务这样的特定技术的集合,而是位于特定技术之上,在业务和技术之间的一种概念框架。从业务上看,所有功能都被定义为独立的服务;从技术上看,SOA 解决方案由可重用的服务组成,带有定义良好且符合标准的已发布接口。

SOA 的核心理念在于该体系结构用于在业务和 IT 之间构建服务中间层,服务包含了双方都同意的一组与业务一致的 IT 服务,这些服务结合在一起,以实现组织的业务流程和目标。此范例提供了前所未有的灵活性:它允许将业务流程的结构化组成从为流程中每个活动提供功能的服务中分离出来。它还允许将业务实现与其描述分离开来。进行了此分离后,组织能以增量的方式更改其后端遗留系统,并添加新功能来支持新需求,而不会受到供应商选择的限制。因此,可以在最小化对业务流程和 IT 系统的影响的前提下对软件包和自定义应用程序进行替换。

与传统架构相比,SOA 规定了资源间更为灵活的松散耦合关系,利用开放标准的支持,采用服务作为应用集成的基本手段,不仅可以实现资源的重复使用和整合,而且能够跨越各种硬件平台和软件平台的开放标准,实现不同资源和应用的互联互通。在企业信息化建设中,企业资源均可视为服务,覆盖企业信息化中的各个层面,包括需要共享的信息资源服务、能独立完成某项功能的基本业务服务、跨部门的协同业务服务以及面向领导及决策部门的管理决策服务。在 SOA 架构中,各类企业应用均通过服务包装方式,将资源转变为可复用的信息资产,然后将这些服务按照业务要求,部署、运行在统一的架构中,并支持向其他应用系统或其他成员提供服务。SOA 的优势体现在以下几方面:

(1)统一开发平台的规范与标准,突破信息鸿沟制约;

(2)建立了沟通业务与信息技术间的桥梁;

(3)提升 IT 与业务的互动能力,实现业务的敏捷能力。

综上所述,与面向过程、面向对象及面向组件等传统技术不同,SOA 采用全新的面向服务的方法构建应用。SOA 对各种信息资源和应用资源按一定的标准封装为具有文档形式接口描述的服务,服务的使用者和服务者之间是一种松散耦合关系。这样,一方面,可以把遗留系统封装为服务加以复用,提高了投资回报率;另一方面,可以直接调用外部服务提供商提供的服务从而起到复用的作用。借助 SOA 技术手段来实现对现有信息化投资的保护,并充分挖掘现有资源及应用潜力,避免了系统复用率低、重复建设等问题。

SOA 体系是一个多视图的体系结构,它由业务架构、信息架构、应用架构和技术架构共同构成,这与本次集成体系的设计思路是完全一致的,如图 3-5 所示。

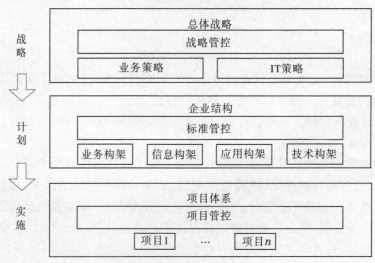

图 3-5 SOA 体系结构

3.4.2.1 企业业务架构(EBA):贯彻企业业务战略

企业业务架构描述了企业各业务之间相互作用的关系结构。企业的业务架构以企业的业务战略为顶点,以企业各主营业务为主线,以企业各辅助业务为支撑,以人流、物流、资金流、信息流等联络各业务线,构成贯彻企业业务战略的企业基本业务运作模式。

3.4.2.2 企业信息架构(EIA):建立企业信息模型

企业信息架构是将企业业务实体抽象为信息对象,将企业的业务运作模式抽象为信息对象的属性和方法,建立面向对象的企业信息模型。企业信息架构实现从业务模式向信息模型的转变,业务需求向信息功能的映射,企业基础数据向企业信息的抽象。

3.4.2.3 企业应用架构(EAA):实现企业信息流动

企业应用架构是以企业信息架构为基础,建立支撑企业业务运行的各个业务系统,通过应用系统的集成运行,代替手工信息流动方式,实现企业信息自动化流动,提高企业业务运作效率,降低运作成本。

3.4.2.4 企业技术架构(ETA):保障企业应用执行

企业技术架构是实现企业应用架构的底层技术基础结构,通过软件平台技术、硬件技术、网络技术、信息安全技术间的相互作用支撑企业应用的运转。

3.4.3 基于构件的开发模型

基于构件的开发模型利用模块化方法将整个系统模块化,并在一定构件模型的支持下复用构件库中的一个或多个软件构件,通过组合手段高效率、高质量地构造应用软件系统。基于构件的开发模型融合了螺旋模型的许多特征,本质上是演化型的,开发过程是迭代的。基于构件的开发模型由软件的需求分析和定义、体系结构设计、构件库建立、应用软件构建、测试和发布 5 个阶段组成,采用这种开发模型的软件开发过程如图 3-6 所示。

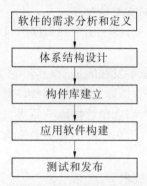

图 3-6 基于构件的开发模型的软件开发过程

构件作为重要的软件技术和工具得到极大的发展,基于构件的开发活动从标识候选构件开始,通过搜查已有构件库,确认所需要的构件是否已经存在。如果已经存在,则从构件库中提取出来复用;否则采用面向对象方法开发它。之后通过语法和语义检查后将这些构件通过胶合代码组装到一起实现系统,这个过程是迭代的。

基于构件的开发方法使得软件开发不再一切从头开发,开发的过程就是构件组装的过程,维护的过程就是构件升级、替换和扩充的过程。其优点是构件组装模型导致了软件的复用,提高了软件开发的效率。构件可由一方定义其规格说明,被另一方实现,然后供给第三方使用。构件组装模型允许多个项目同时开发,降低了费用,提高了可维护性,可实现分步提交软件产品。

3.4.4 GIS 技术

3.4.4.1 组件式 GIS 技术

在建立水利应用系统软件过程中,既需要充分利用现有的商用 GIS 软件已经开发的常用的通用 GIS 功能,如地图显示、空间分析、专题制图等功能,又需要根据水利业务需求定制一些特定的功能,如环保事件时空分析、专业模型分析、资源调度等,并且所开发的系统必须能够很好地和其他子系统紧密地集成。采用组件式 GIS 技术能够很好地解决上述问题。

组件式 GIS(Component Object Model GIS,简称 Com GIS)是随着 IT 技术整体组件化趋势的发展而发展起来的新一代 GIS 技术。其基本思想是把 GIS 的各大功能模块划分为几个控件,每个控件完成不同的功能。各个 GIS 控件之间,以及 GIS 控件与其他非 GIS 控件之间,可以方便地通过可视化的软件开发工具集成起来,形成最终的 GIS 应用。控件如同一堆各式各样的积木,它们分别实现不同的功能(包括 GIS 和非 GIS 功能),根据需要把实现各种功能的积木搭建起来,就构成应用系统。组件式 GIS 技术支持标准的工业接口,因此易于与其他标准应用组件集成,并且支持各种通用的程序开发语言。

3.4.4.2 空间数据库技术

传统的 GIS 一般是采用专用的文件方式来存储空间数据的。这种方式对于只需要管理和使用少量的空间数据的系统是可行的,但是,数据超过一定的量时就显得力不从心了。另外,传统的文件方式将 GIS 的图形数据和属性数据分别采用不同的文件进行存储,使得空间数据和属性数据不能够紧密地联系在一起,也不利于空间数据的共享和并发编辑,更不利于数据的统一管理。为此,拟采用空间数据库技术解决系统中涉及的空间数据的存储和管理问题。

空间数据库技术是当前 GIS 技术发展的最新趋势,它采用关系数据库来存储空间数据,从而实现空间数据与属性数据的一体化存储,即地图数据与业务数据的一体化存储。空间数据库技术充分利用成熟的大型商用数据库管理系统作为空间数据存储的容器,从而可以方便地实现将空间数据与其他非空间的业务数据存储到统一的数据库中,便于数据的无缝集成。

3.4.4.3 多源空间数据无缝集成技术

根据水利信息化系统的业务需求,系统必须支持数据的建库功能和交换功能。对于空间数据,在建立水利信息化系统的综合数据库时,必然涉及现有的各种格式的空间数据的充分利用问题。多源空间数据无缝集成技术可以很好地解决这个问题。

多源空间数据无缝集成技术不仅能够同时支持多种形式的空间数据库和数据格式,完成由空间数据库到各种交换格式的输入输出,而且能够直接读取常用的 CAD 数据,如 DWG 数据和 DGN 数据等。该技术支持转换大多数常用的图形数据格式,如 DWG、Coverage、Tab 等;支持国家标准交换格式,如 VCT 等;支持多种影像文件格式,如 TIF、GeoTIF、BMP、JPG、ECW、MrSID 等。

3.4.4.4 Web GIS 技术

由于本系统建设的重要任务之一是面向公众发布有关的水利数据,因此为了实现 GIS 技术与 Web 技术的无缝集成,需要采用 Web GIS 技术。

Web GIS 技术即互联网 GIS 技术,它是 Web 技术应用于 GIS 开发的产物。GIS 通过 WWW 功能的扩展,真正成为一种大众使用的工具。Internet 用户从任意一个 WWW 节点进入,可以浏览 Web GIS 站点中的空间数据、专题地图,进行各种空间查询和空间分析,从而使 GIS 进入千家万户。

Web GIS 还可以应用于 Intranet(企业内部网),建立企业/部门内部的网络 GIS,从而可以在科研机构、政府职能部门、企事业单位中得到广泛应用,Web GIS 提供了一种易于维护的分布式 GIS 解决方案。

3.4.5 ROLAP 技术

关系型联机分析处理(ROLAP 即关系 OLAP)是联机分析处理(OLAP)的一种形式,它对存储在关系数据库(非多维数据库)中的数据作动态多维分析。

ROLAP 技术的特点如下:

(1)因为 ROLAP 使用的是关系数据库,所以它需要更多的处理时间和磁盘空间来执行一些专为多维数据库设计的任务。ROLAP 支持更大的用户群组和数据量。

(2)ROLAP 表示基于关系数据库的 OLAP 实现。以关系数据库为核心,以关系型结构进行多维数据的表示和存储。ROLAP 将多维数据库的多维结构划分为两类表:一类是事实表,用来存储数据和维关键字;另一类是维表,即对每个维至少使用一个表来存放维的层次、成员类别等维的描述信息。维表和事实表通过主关键字和外关键字联系在一起,形成了"星型模式"。对于层次复杂的维,为避免冗余数据占用过大的存储空间,可以使用多个表来描述。

(3)ROLAP 将分析用的多维数据存储在关系数据库中,并根据应用的需要有选择地定义一批实视图作为表,也存储在关系数据库中。不必要将每一个 SQL 查询都作为实视图保存,只定义那些应用频率比较高、计算工作量比较大的查询作为实视图。对每个针对 OLAP 服务器的查询,优先利用已经计算好的实视图来生成查询结果以提高查询效率。同时用做 ROLAP 存储器的 RDBMS 也针对 OLAP 作相应的优化,比如并行存储、并行查询、并行数据管理、基于成本的查询优化、位图索引、SQL 的 OLAP 扩展(CUBE,ROLLUP),等等。

3.4.6 数据库技术

3.4.6.1 绑定数据库崩溃恢复

ORACLE 数据库提供了非常快速的系统故障和崩溃恢复功能。然而,与快速恢复一样重要的是可以预测故障。ORACLE 数据库中包含快速启动故障恢复技术,能够自动绑定数据库崩溃恢复时间,而且该技术是 ORACLE 数据库所独有的。该数据库可以调节校验点处理,以确保达到所要求的恢复时间目标。这使得恢复时间加快且可预测,并提高了满足服务等级目标的能力。ORACLE 的快速启动故障恢复可以将高负载数据库的恢复时间从几十分钟缩短至 10 s 以内。

3.4.6.2 防止数据故障

数据故障是指丢失、损坏或破坏关键企业数据。数据故障原因比计算机故障更加复杂,可能由于存储硬件、人为错误、损坏或站点故障而引起。ORACLE 数据库增强数据保护能力。

3.4.6.3 防止存储故障

ORACLE 内核中提供了一个垂直集成的文件系统和数据卷管理器,大大减少了提供数据库存储的工作,提高了可用性,而无须购买、安装和维护专用存储产品,并且为数据库应用提供了独有的能力。

3.4.6.4　防止人为错误

ORACLE 数据库提供了易用且强大的工具,有助于管理员快速诊断发生的错误,并从错误中得以恢复。它还包括诸多特性,使最终用户能够在没有管理员干预的情况下实现故障恢复,从而减轻 DBA 的支持负担,并加快丢失和损坏数据的恢复速度。

ORACLE 数据库提供了广泛的安全工具来控制用户对应用数据的访问,通过对用户进行验证,管理员可向用户授予他们执行任务所需的访问权限。此外,ORACLE 数据库的安全模式还提供了限制行级数据访问的能力,它采用虚拟专用数据库,可进一步防止用户访问他们不需要的数据。

3.4.6.5　防止数据损坏

ORACLE 数据库通过在存储设备内实施 ORACLE 的数据验证算法,能够防止将已损坏数据写入永久存储设备上的数据库文件中。

3.4.6.6　快速备份和恢复

ORACLE 数据库的 RMAN 显著增强了数据库的备份和恢复功能。RMAN 可以自动管理备份,并将所有数据恢复至快速恢复区。快速恢复区是一个统一的磁盘存储位置,面向 ORACLE 数据库内的所有恢复文件和工作。

第4章 基础设施建设方案

4.1 水利信息采集系统

信息采集是沈阳市水利信息化系统建设的重要内容之一,是整个系统的重要信息来源。系统建设将充分利用现代科技成果,以信息自动采集传输为基础,通过对信息采集传输基础设施设备的改造和建设,配置先进的适合沈阳市水资源特性的新仪器、新设备,提高信息采集、传输、处理的自动化水平,提高信息采集的精度和传输的时效性,形成较为完善的信息采集体系,为市级层面的水利业务管理工作提供更好更准确的信息服务。

信息采集的基本单位是监测站(简称测站),在沈阳市水利信息系统中,测站分为市级测站、市水利局直属单位级测站和区县级测站三个级别。市级测站采集的信息直接发送到市水利局网络中心;市水利局直属单位级测站和区县级测站采集的信息发送至对应的主管单位的网络中心,在进行适当的处理之后和进入数据库之前利用骨干网络传输到市水利局网络中心。

4.1.1 信息采集内容

沈阳市水利信息化系统采集的信息包括雨水情信息、实时工情信息、土壤墒情信息、水源地信息、地下水超采区信息、取用水信息、水功能区信息、入河排污口信息、水土保持信息等。

4.1.1.1 雨水情信息

雨水情信息主要有降水量(雨量)、水位、流量、含沙量、水库进出流量、蓄水量、闸门开启尺寸和下泄流量等要素。

在雨量、水位和流量信息采集方面,通过对监测站雨量、水位和流量观测项目设备的更新改造,监测站的雨量、水位和流量观测全面采用数据自动采集、长期自记、固态存储、自动传输技术,有较高的观测精度和时效性;在泥沙等不能自动采集的水文信息采集方面,通过人工置数设备进行数字化自动传输。与水利工程有关的水情信息由实时工情采集系统完成,雨水情信息采集主要指其他雨水情测站的信息采集。

雨水情测站统计见表4-1。

表4-1 雨水情测站统计

管理单位	水位测站数量	雨量测站数量	水位雨量测站数量
沈阳市水利局	16	28	16

4.1.1.2 实时工情信息

实时工情监测内容包括水库水位、进出库流量、大坝位移沉降、土坝浸润线、扬压力、渗流及建筑物的应力应变观测等大坝安全信息;河道闸站的闸门开度、过闸流量、上下游水位等闸门运行信息。接收与处理工情信息,配合图像监视系统对重点水库闸坝进行监测,可及时发现裂缝、渗水、管涌、滑坡、决堤等工程险情信息,提高防汛抢险的应急水平,对防汛抗旱指挥调度具有重要意义。

沈阳市共有水库 36 座,其中中型水库 11 座,小型水库 25 座。目前,沈阳市水利局已经建成的实时工情测站共有 20 个,主要采用视频监控,对 36 座水库实施实时监测。实时工情监测建设内容有:

(1)水利工程自身具有监控系统:水利工程实时运行信息通过数据交换系统得到。

(2)水利工程自身没有监控系统:建设中型水库的视频监控;建设所有水库的水位、流量的在线监测;建设所有闸站的视频监控,水位、流量的在线监测;建设险工险段的视频监控和水位、流量的在线监测(已建 20 个视频监控站点的改造);其他不能自动采集的实时工情数据,通过人工置数设备实现自动化传输。

实时工情测站统计见表 4-2。

表 4-2　实时工情测站统计

管理单位	中型水库测站 (视频、水位、流量)数量	小型水库测站 (水位、流量)数量	险工险段测站 (视频、水位、流量)数量
沈阳市水利局	11	25	20

4.1.1.3 土壤墒情信息

土壤墒情信息包括地下水埋深、土壤含水量、土壤温湿度等。建立的墒情信息采集点必须具有代表性,采集的指标能够反映沈阳市实际情况,能代表大面积作物生长环境的土壤墒情和典型土壤,并且在 GPRS 公网的覆盖区内。另外,墒情测站的选址应远离树林、高大建筑物、道路(铁路)、河流、水库和大型渠道。测站位置确定后,一般不轻易更改。墒情测站应尽量委托现有水文和雨量测站管理。

应按照平面测量信息误差最小化的原则,根据当地的土壤类型、种植结构和地形地貌条件,综合确定墒情测站的平面设计。站点布设方式如下:

(1)墒情监测点由市浑蒲灌区、市浑北灌区和水土保持工作站管理,共有 20 个墒情测站,其中固定墒情测站 11 个,移动墒情测站 9 个。

(2)市浑蒲灌区 4 个,其中固定墒情测站 2 个,移动墒情测站 2 个。

(3)市浑北灌区 6 个,其中固定墒情测站 3 个,移动墒情测站 3 个。

(4)水土保持工作站 10 个,其中固定墒情测站 6 个,移动墒情测站 4 个。

土壤墒情测站统计见表 4-3。

表 4-3　土壤墒情测站统计

管理单位	固定土壤墒情测站	移动土壤墒情测站	合计
市浑蒲灌区管理处	2	2	4
市浑北灌区管理处	3	3	6
水土保持工作站	6	4	10
合计	11	9	20

4.1.1.4　水源地信息

水源地信息包括水位、水质和开采量。其中,水位信息全面实现自动采集、自动传输;有代表性的水井实现水质的自动采集、自动传输;在开采量等不能自动采集的信息采集方面,通过人工置数设备进行数字化自动传输。

沈阳市共有 9 个水厂,35 个水源地(均为地下水水源地),实有水井 428 眼。

(1)水位信息全面实现自动采集、自动传输。

(2)有代表性的水井(9 眼)实现水质的自动采集、自动传输。

(3)在开采量等不能自动采集的信息采集方面,通过人工置数设备进行数字化自动传输。

水源地测站统计见表 4-4。

表 4-4　水源地测站统计

管理单位	水源地测站数量	水位测站数量	水质测站数量
沈阳市水利局	35	35	9

4.1.1.5　地下水超采区信息

地下水超采区信息主要指监测超采区的水位。目前,沈阳市地下水超采区共有 10 个。

4.1.1.6　取用水信息

沈阳市共有 1 564 个取水工程,其中年取水总量在 100 万 m^3 以上的有 30 个,年取水总量在 50 万 ~ 100 万 m^3 的有 35 个,年取水总量在 50 万 m^3 以下的有 1 499 个。年取水总量在 50 万 m^3 以上的实现在线自动监测,主要监测流量,然后换算成取水量。

取用水测站统计见表 4-5。

表 4-5　取用水测站统计

管理单位	测站数量		
	年取水总量≥100 万 m^3	年取水总量 50 万 ~ 100 万 m^3	年取水总量 < 50 万 m^3
沈阳市水利局	30	35	1 499

4.1.1.7 水功能区信息

沈阳市共有 77 个水功能区,其中一级水功能区 26 个,二级水功能区 51 个。在二级水功能区中有 6 个饮用水功能区。

所有水功能区都实现水位和流量的在线监测,而水质采用常规监测方法监测。

水功能区情况统计见表 4-6。

表 4-6　水功能区情况统计

水功能区	水功能区数量	典型断面数量 (测站数量)	管理单位
一级水功能区	26	26	沈阳市水利局
二级水功能区(饮用水源)	6	6	沈阳市水利局
二级水功能区(非饮用水源)	45	45	沈阳市水利局

4.1.1.8 入河排污口信息

沈阳市共计 88 个入河排污口,年排污总量为 61 286.17 万 t。年排污总量在 50 万 t 以上的有 22 个,这 22 个排污口的年排污总量为 60 810.21 万 t,占总排污量的 99.2%。

(1)这 22 个入河排污口实现视频监控;

(2)所有的入河排污口都实现流量的在线监测。

入河排污口测站统计见表 4-7。

表 4-7　入河排污口测站统计

管理单位	年排污总量在 50 万 t 以上的 入河排污口测站数量	年排污总量在 50 万 t 以下的 入河排污口测站数量
沈阳市水利局	22	66

4.1.1.9 水土保持信息

根据 2000 年辽宁省第二次卫星遥感显示,沈阳市水土流失面积为 1 947.73 km^2。其中轻度侵蚀面积 1 582.53 km^2,中度侵蚀面积 294.73 km^2,强度以上侵蚀面积 70.47 km^2。土壤侵蚀类型主要为水力、风力和人为侵蚀。

水土保持信息监测的主要内容为:

(1)监测土壤样品中的速效氮、速效磷、有效钾、全氮、全磷、全钾、有机质含量。

(2)监测 pH(酸碱度)。

(3)监测土壤含盐量。

监测的仪器为土壤养分监测仪。

强度以上侵蚀地区每 10 km^2 设一个测站,共 7 个测站;中度侵蚀地区每 100 km^2 设一个测站,共 3 个测站;轻度侵蚀地区每 500 km^2 设一个测站,共 3 个测站。这样,土壤水土保持测站共计 13 个。

4.1.2　系统结构设计

　　沈阳市水利信息采集系统为三级结构：中心、分中心和测站。沈阳市水利局为整个信息采集系统的中心。区县水利局、市级灌区（浑北和浑蒲）和浑河管理中心构成采集系统的分中心。测站分成两类：一类是市级测站，另一类为分中心级测站，测站由各类监测点组成。监测点分为水位监测点、雨量监测点、流量监测点、视频监测点、墒情监测点、水质监测点和水土保持监测点。沈阳市水利信息采集系统结构如图4-1所示。

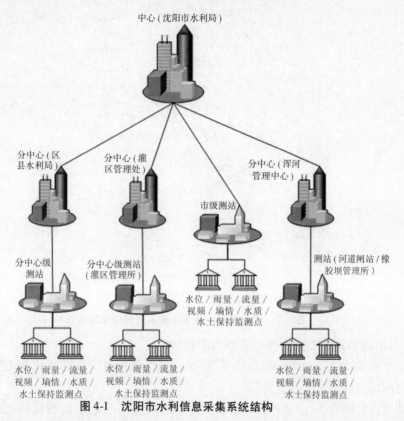

图4-1　沈阳市水利信息采集系统结构

　　沈阳市水利信息采集系统的传输网络结构如图4-2所示。由图4-2可见，中心与分中心通过骨干网连接；中心与市级测站、分中心级测站通过监测网连接；分中心采集的实时信息通过实时信息接收与处理系统上传到中心。

4.1.3　测站设计

4.1.3.1　测站结构

　　测站主要用于接收各个信息监测点采集的信息，并向主管部门网络中心上传数据，分为有线测站和无线测站两种。

　　1. 有线测站

　　有线测站主要用于具备视频监控功能的测站，有线测站结构如图4-3所示。

　　（1）有线测站与中心/分中心的连接方式采用光纤专线方式连接。

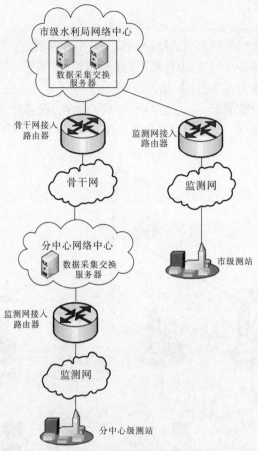

图 4-2 沈阳市水利信息采集系统的传输网络结构

（2）有线测站与监测点连接方式有两种情况：

①当在监测设备允许的距离范围之内时，有线测站与信息监测设备之间通过设备与 RTU 之间的专线方式连接；

②当在监测设备允许的距离范围之外时，有线测站与信息监测设备之间通过无线方式连接。

（3）有线测站设备包括交换机、具备人工置数功能的终端单元（RTU）、具体监测设备、电源系统和防雷设施。

2. 无线测站

无线测站结构如图 4-4 所示。

（1）无线测站与主管部门的连接方式为 GPRS。

（2）无线测站与监测点连接方式有两种情况：

①当在监测设备允许的距离范围之内时，无线测站与信息监测设备之间通过设备与 RTU 之间的专线方式连接；

②当在监测设备允许的距离范围之外时，无线测站与信息监测设备之间通过无线方式连接。

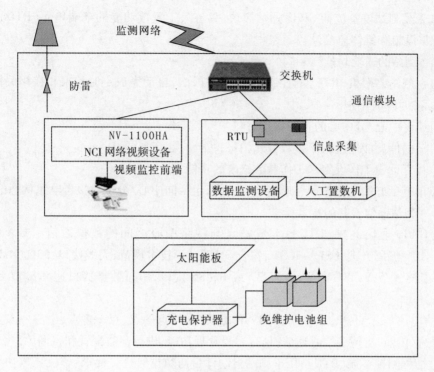

图 4-3   有线测站结构

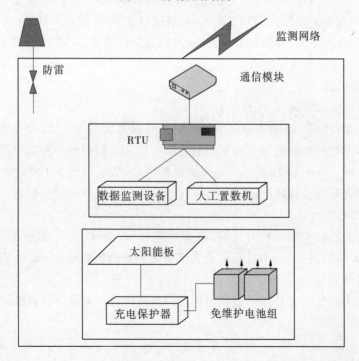

图 4-4   无线测站结构

（3）无线测站设备包括 GPRS 通信模块、具备人工置数功能的终端单元（RTU）、电源系统、防雷设施和具体监测设备。

4.1.3.2　测站的通信功能

（1）在测站终端机（RTU）的控制下，按规定段次，自动完成定时拍报和在相关信息达到加报标准时随时拍报；

（2）接受中心/分中心的查询、召测；

（3）辅助信息能通过人工置数方式拍报；

（4）具有远程工作设定和工作参数修改的功能；

（5）具有良好的电源管理和通信管理功能，包括向中心/分中心报告电源状态信息。

4.1.3.3　测站通信设备的技术要求

（1）GPRS 通信终端（DTU）：完成站点与网络中心之间的数据通信。要求：GPRS Class 2 – 10，编码方案：CS1 – CS4，符合 SMG31bis 技术规范，天线接口：50Ω/MMCX 阴头，SIM 卡：3 V/5 V，TTL 电平或 RS232 或 RS485 接口，串行数据接口速率：300 到 115，200 bps。

通信协议：支持 PPP、TCP/IP、UDP/IP 协议；支持点—点、点—多点、中心—多点的对等实时数据传输，支持多中心通信；具有远程管理功能，进行参数配置和查询。

（2）远程测控终端（RTU）：用于测站自动计量与数据管理。要求：整机耗散功率：< 7 W，供电电源：CA220 + DV12 V，使用温度：– 20 ~ 70 ℃，最小 2 通道 AI 通道性能指标，最小 4 通道 DI 通道性能指标，RS232、RS485 通信接口，存储容量 128 MB。

计量精度、检测频率、存储数据间隔按《水资源监控设备基本技术条件》执行。

（3）交换机：4 口普通交换机。

4.1.3.4　通信信道

1. 全球移动通信系统（GSM）

移动通信是我国近 10 年来发展最快的一种通信系统，目前已覆盖我国很多城镇，不少地区正逐步向农村扩展延伸。GSM 是电信部门向用户提供的一种数字通信资源，是一种无线通信公网。采用 GSM 信道组建报汛通信网，原则上适用于 GSM 网所能覆盖的测站。有关实践表明，利用 GSM 公网，特别是 GSM 专业短信息平台组网，优点突出，技术也比较成熟，具有以下优势：

（1）系统响应速度快，传输时效好，信道稳定可靠。有些已建系统的运行表明，响应速度仅为几秒，传输速率达 9 600 bps，绝大部分测站的数据可在 1 min 左右到达分中心，畅通率可达 98% 以上。

（2）系统容量较大，可传输的数据量大。一条短信息所能容纳的数据量最多可达 100 B 以上。

（3）GSM 信道无须中继即可用于无线远程传输，加上它属于双向通信，可方便地实施远程控制，所以组网十分灵活。

（4）GSM 系统设备体积小、重量轻、功耗低。由于不需要架设室外天线，安装方便，不仅一次性建设投资少，而且维护管理简单，运行费用低。

2. GPRS

GPRS 是 GSM 系统的无线分组交换技术,不仅提供点对点,而且提供广域的无线 IP 连接,是一项高速数据处理的技术,方法是以"分组"的形式将数据传送到用户手中。GPRS 是作为现行 GSM 网络向第三代移动通信演变的过渡技术,突出的特点是传输速率高和费用低。GPRS 上行速率较 GSM 高,下行速率则可达 100 Kbps。在开通 GPRS 地区的测站可考虑选做通信信道。

3. 光纤专线

光纤具有带宽大、远距离传输能力强、保密安全性高、抗干扰能力强等优点,是未来接入互联网的主要实现技术。与其他宽带接入方式相比,光纤接入具有稳定、安全、上下行速率对称等优势,可以说是一种理想的宽带接入选择。

4. 卫星信道

卫星通信是指利用人造地球卫星作为中继站转发无线电波实现地球站之间相互通信的一种方式,使用频率一般为 300 MHz ~ 300 GHz。卫星通信具有很多优点,其中主要的优点有:

(1)信号传输质量高,通信可靠。

(2)覆盖面大,可进行多址通信。许多信道的通信系统就其本质而言,都只能实现点对点的通信,属于"线覆盖";卫星通信则是大面积覆盖,在其覆盖范围内,许多地面站共用一颗卫星,实现多址通信。

(3)通信频带宽。多种卫星信道的传输容量都大大超过前述任何一种信道,不仅可以高速传输数据,而且能够传输高质量图像等信号。

(4)组网灵活机动。在卫星覆盖区域内,通信基本不受地形条件的限制。

由于卫星通信的优越性,它已在发达国家的水文数据采集中得到广泛应用。但是,卫星通信的缺点也比较明显,有些卫星终端的设备费较高,有的通信时延较长,有的雨衰问题突出,有的耗电较大。当前可供报汛通信网选用的卫星信道有 4 种:亚洲 2 号通信卫星信道、Omni TARCS 全线通卫星信道、国际海事卫星(Inmarsat)信道和北斗卫星信道。因此,卫星信道只作为应急状态下的通信信道。

5. 系统可靠性

衡量通信系统可靠性的主要指标为:信息采集设备和通信设备的平均无故障工作时间(MTBF)和系统畅通率。所以,影响系统可靠性衡量指标的因素是系统可靠性设计中应认真对待并加以解决的问题,主要的影响因素为防雷、接地、电源,具体设计内容如下。

(1)电源管理。

电源设计是提高系统可靠性的一项重要措施。电源设计应考虑电源电压范围、直流电池防过电和欠压、电源管理等,主要内容包括:交流供电线路应安装漏电开关、过压保护;交流稳压器应具有瞬态电压抑制的能力,即抑制谐波的能力;直流电池防过电和欠压措施;遥测终端设备具有基于休眠和远程唤醒的电源管理技术。

(2)雷电防护。

通信的防雷是指信号线、设备、电源的防雷。传感器信号线、电话线、电源线和其他各类连线都应进行屏蔽,并采取抗雷电的措施,包括:信号线的屏蔽层就近接到所连设备的接地线上,而过长的信号线尽可能接地或在接地的金属管中穿过;太阳能电池的引线也应采取防雷措施;交流供电线应安装放电电流大、响应速度快的避雷器,避雷器的泄流能力不小于 10 kA。在防电保护方面,测站接地电阻应该小于 10 Ω。

(3)其他方面。

为延长各类设备的 MTBF,在设计时应注意各类传感器的接口保护、抗电磁干扰和抗雷击保护,并注意电源电压的适应性以及传感器内部软件的可靠性。

4.1.4　信息采集中心与分中心设计

(1)在中心,配置 1 台监测网接入路由器,用于市级测站的接入;配置 2 台数据采集交换服务器,用于接收市级测站采集的数据和分中心上传的数据。

(2)在分中心,配置 1 台监测网接入路由器,用于分中心级测站的接入;配置 2 台数据采集交换服务器,用于接收分中心级测站采集的数据和向中心上传的数据。

4.1.5　监测设备选择

通过对监测信息的需求分析,沈阳市水利信息监测设备主要有以下 7 种设备。

4.1.5.1　水位监测设备

水位监测所使用的设备称为水位计,水位计是自动测定并记录河流、湖泊和灌渠等水体水位的仪器。按传感器原理分浮子式、跟踪式、压力式和反射式等。水位记录方式主要有记录纸描述,数据显示或打字记录,穿孔纸带,磁带和固体电路储存等。水位计的精确度一般为 1～3 cm,中国制造的水位计的记录周期有 1 d、30 d 和 90 d 等。走时误差:机械钟的为 2 min/d,石英晶体钟的小于 5 min/月。

在沈阳市水位监测中,地下水水位监测使用压力式水位计,其他监测使用声波式水位计。声波式(超声波)水位计,是反射式水位计的一种,应用声波遇到不同界面反射的原理来测定水位,分为气介式和水介式两类。气介式以空气为声波的传播介质,换能器置于水面上方,由水面反射声波,根据回波时间可计算并显示出水位。仪器不接触水体,完全摆脱水中泥沙、流速冲击和水草等不利因素的影响。水介式是将换能器安装在河底,向水面发射声波。声波在水介质中传播速度高,距离大,不需要建测井。两种水位计均可用电缆传输至室内显示或储存记录。

4.1.5.2　雨量监测设备

雨量计是可连续测量和记录降水量的仪器。

在沈阳市雨量监测中,使用翻斗式雨量计。翻斗式雨量计的测量器为两个三角形翻斗,每次只有其中的一个翻斗正对受雨器的漏水口,当翻斗盛满 0.1 mm 或 0.2 mm 降雨时,由于重心外移而倾倒,将斗中的降水倒出,同时使另一个翻斗对准漏水口,翻斗交替的次数和间隔时间可在自记钟筒上记录下来。

4.1.5.3　流量监测设备

测量流体流量的仪表统称为流量计或流量表,流量计是工业测量中重要的仪表之一。随着工业生产的发展,对流量测量的准确度和范围的要求越来越高,流量测量技术日新月异,为了适应各种用途,各种类型的流量计相继问世。目前已投入使用的流量计已超过

100 种。

在沈阳市流量监测中,使用超声波流量计。

超声波流量计的工作原理是通过检测流体流动对超声脉冲的作用以达到测量流量的目的。由于超声波流量计可被制作成非接触型式,同时可与超声波水位计联动进行开口流量测量,其测量结果稳定且对流体不产生扰动和阻力,因此超声波流量计应用广泛。

4.1.5.4 视频监控设备

沈阳市测站中视频监控设备主要包括摄像机、视频编码器和交换机。

4.1.5.5 墒情监测设备

土壤水分是土壤的重要组成部分,对作物的生长、节水灌溉等有着非常重要的作用。通过 GPS 定位系统掌握土壤水分(墒情)的分布状况,为差异化的节水灌溉提供科学的依据,同时精确的供水也有利于提高作物的产量和品质。

土壤水分温度测量仪的工作原理是:仪器发射一定频率的电磁波,电磁波沿探针传输,到达底部后返回,检测探头输出的电压,由于土壤介电常数的变化取决于土壤的含水量,由输出电压和水分的关系则可计算出土壤的含水量。

通过土壤水分温度测量仪提供的 GPS 定位功能,在测试土壤含水率和温度的同时,配合 GPS 能测定测点的精确信息(经度、纬度),可直接显示采样点的位置信息,实现了含水率和三维位置信息的自动采样与处理,并可在计算机中对水分分布进行分析。因而,其能够反映土壤水分的空间差异。

4.1.5.6 水质监测设备

国家环境保护总局于 2003 年 3 月 28 日发布了环境保护行业标准《水质自动分析仪技术要求》,并于 2003 年 7 月 1 日实施。该标准共包括 9 个水质参数的自动分析仪技术要求,即 pH、电导率、浊度、溶解氧(DO)、高锰酸盐指数、氨氮、总氮、总磷和总有机氮(TOC),这一标准的实施,保证了水质自动监测系统的规范化,将会大大促进我国水质自动监测系统的发展。

沈阳市选择的水质监测设备都已通过国家环境保护部门认证监测,并主要监测 pH、电导率、浊度、溶解氧(DO)、水温、总氮、总磷和水中含氧量(COD)。

4.1.5.7 水土保持监测设备

沈阳市水土保持监测设备主要是土壤养分速测仪,其功能特点包括:可检测土壤样品中的速效氮、速效磷、有效钾、全氮、全磷、全钾、有机质含量,土壤酸碱度及土壤含盐量;具有时间显示功能,可实现自动记录与保存检测样品的时间;可储存多组测试数据(将检测样品时间、地点、各类养分结果)等相关信息,数据可随时调出查看;采用液晶中文大屏幕背光显示,中文菜单提示操作,指导操作流程;测试过程中具有回看功能,因此使产品更加具有方便性和合理性;所测样品结果自动传输到计算机上,实现分析、汇总、保存;可由计算机进行数据储存、远程发送、打印(TPY-6PC)。

4.2 水利信息网络系统

沈阳市水利局计算机网络系统建设的目标是建立以水利局机关为中心,以各直属异地办公单位和各区县水利局为纽带,以各测站为基础的连接水利部门的计算机网络系统,为提高信息传输的质量和速度,实现 20 min 收集齐测站信息的目标提供网络支持,也支持水利信息的实时收集、传输和处理,有助于提高信息共享程度,优化信息流程。

4.2.1　信息内网建设

沈阳市水利信息内网的建设内容主要包括:建设沈阳市水利局与市水利局直属异地办公单位、沈阳市区县水利局之间的互联网络;建设市水利局与同城异地办公的水文部门、气象部门之间的网络连接;建设市水利局、市水利局直属异地办公单位、区县水利局网络中心;建设相关的网络管理及安全系统。沈阳市水利信息内网体系结构如图 4-5 所示。

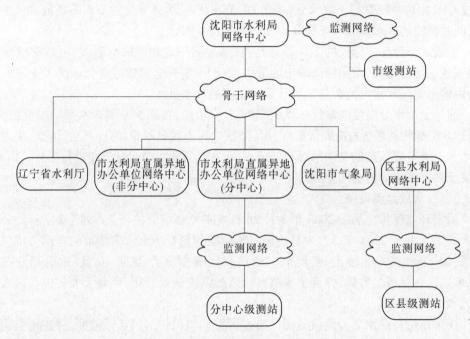

图 4-5　沈阳市水利信息内网体系结构

4.2.1.1　骨干网络

骨干网络是水利信息内网建设的核心部分,将实现市水利局和区县水利局、市水利局直属异地办公单位、辽宁省水利厅、沈阳市气象局等单位之间互联的网络系统。沈阳市水利信息内网骨干网络结构如图 4-6 所示。

4.2.1.2　网络中心

网络中心主要包括核心交换机、核心路由器、逻辑子网以及存储系统等部分,水利信息内网网络中心结构如图 4-7 所示。分中心(区县水利局、灌区管理处、河道管理中心)水利部门内网网络中心结构如图 4-8 所示。

4.2.1.3　服务器系统

服务器系统采用三层结构。前端是 2 台网络服务器,位于逻辑子网 1 中,主要完成 Web 服务、E-Mail 服务、FTP 服务和 DNS 服务等功能。中间是数据采集交换服务器,位于

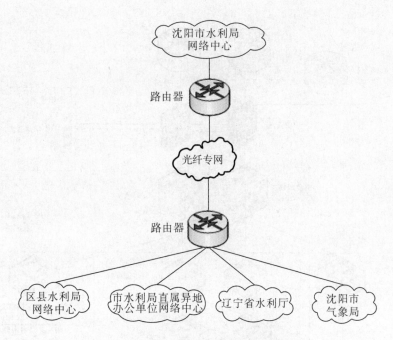

图4-6 沈阳市水利信息内网骨干网络结构

逻辑子网2中,主要完成数据采集、数据交换等功能。最核心的是应用服务器和数据库服务器,位于逻辑子网3中,主要完成业务的逻辑运算(GIS图形运算、防汛抗旱业务、水资源管理业务和其他业务)、数据库管理等功能,在该子网中,还有IT运维管理服务器、IT监控管理服务器和网络管理服务器。水利信息内网办公区位于逻辑子网4中。

4.2.1.4 存储系统

目前,在磁带存储技术上应用的技术主要有3种:LTO(Linear Tape-Open,开放线性磁带)、DLT(Digital Linear Tape,数码线性磁带)和AIT(Advanced Intelligent Tape,先进智能磁带)。这3种技术共同存在于市场上,以其各自的优势占据着各自的市场份额。如果企业需要很高的扩展性,需要多家不同的厂商产品很好地兼容,LTO是首选;如果企业存储数据读写频繁,DLT由于利用直线盘形的记录原理,不容易出现磁头故障和磁带路径的调整偏差,所以是很好的选择;如果企业数据需要保存很长时间,并且需要快速搜索数据,AIT是不二之选。

在沈阳市水利局业务应用中,建议采用LTO技术的磁带机作为备份系统。

4.2.1.5 会商支持系统

会商支持系统是各级部门信息管理平台、决策支持平台的展示中心,同时也是远程监视和控制平台,通过大屏幕显示、异地视频会商等系统,为各级管理机构提供一个实时获取所有业务相关信息、进行决策分析、召开异地视频会议、实时发布并执行决策结果的环境与场所。会商支持系统具有信息展示、决策会商、信息发布等功能。

会商支持系统由以下系统组成:显示系统、音响扩声系统、智能会议系统、数字视频监控系统、信号切换系统、数字视频会议系统和中央控制系统。水利信息内网会商支持系统

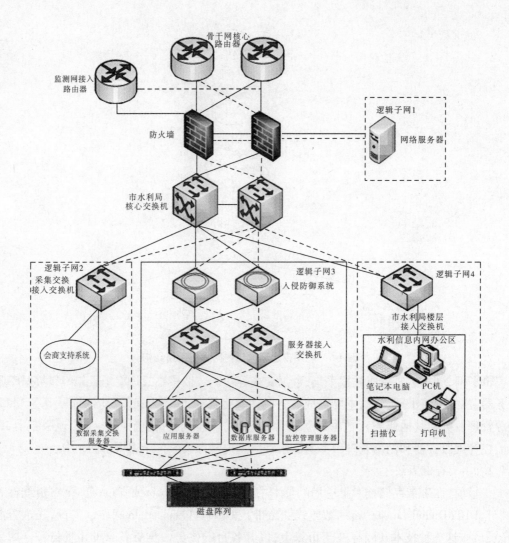

图4-7 水利信息内网网络中心结构

如图4-9所示。

4.2.2 信息外网建设

水利信息外网与水利信息内网物理隔离,形成独立的计算机网络。沈阳市水利信息外网包括市水利局和市水利局直属异地办公单位两部分,其结构相似。沈阳市水利信息外网体系结构如图4-10所示。

水利信息外网主要包括如下内容:

(1)网络设备:市水利局局域网,包括1台核心交换机、多台楼层接入交换机。

(2)网络服务器:双机热备,用于邮件、Web、门户、网上审批等服务。

(3)防火墙:用于对网络访问的安全控制。

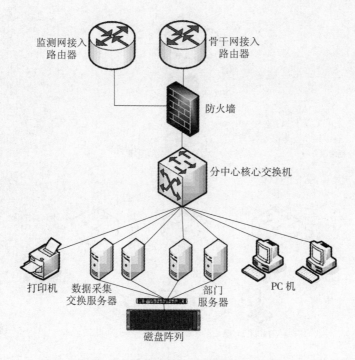

图4-8 分中心水利部门内网网络中心结构

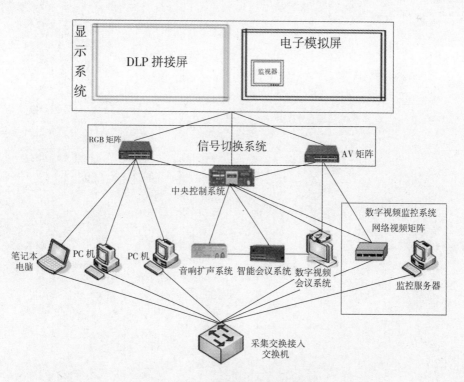

图4-9 水利信息内网会商支持系统

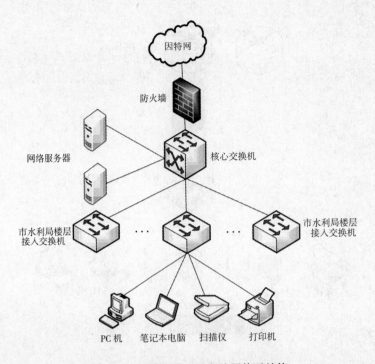

图 4-10   沈阳市水利信息外网体系结构

第 5 章　综合数据库建设方案

5.1　综合数据库设计原则

数据库设计是程序开发的核心部分,合理的数据库设计原则可以有效提高开发进度和效率。综合数据库的设计遵循以下原则:

(1)减少数据的冗余度。数据尽可能不重复,减少冗余,维护数据的一致性。

(2)应用程序共享数据资源。这是数据库先进性的重要体现之一,即以最便捷的方式服务于一个或多个应用程序。

(3)数据的独立性。数据的独立性包括数据库中数据的逻辑结构同应用程序相互独立。数据物理结构的变化不影响数据的逻辑结构。

(4)数据集中控制。利用一种软件实现对数据的维护、更新、增删和检索等一系列操作并通过数据模型表示各种数据的组织以及数据间的联系。

(5)数据的可控性。安全性控制包括防止数据丢失、错误更新和防止越权使用。完整性控制包括确保数据的正确性、有效性和相容性。并发性控制包括在同一时间内允许对数据实现多路存取,同时又能避免用户间的非正常交互使用。维护性控制包括故障的发现和恢复。

(6)数据编码标准化。在综合数据库建设中需要进行严格完善的数据编码。

5.2　综合数据库总体设计

5.2.1　物理结构

根据市水利局的需求及所涉及各种数据的存储和管理要求,数据库系统整体结构采用集中与分布相结合的方式。

沈阳市水利局存储与水利业务有关的全市范围的数据,各个分中心采集和生成的全市更新数据将通过数据交换技术在水利局进行存储;各分中心存放与各自业务相关的数据。

市水利局综合数据库用于存储各个部门公用的数据,并通过互联网与各个职能部门的数据节点进行连接,形成一种分布与集中式的数据共享应用环境。信息中心(中心节点)的管理员可以在相应的安全权限下对综合数据库进行统一管理和更新。而分中心(分节点)则存储着相应部门的专业数据,并通过中心节点提供的应用系统接口建立自身的上层部门应用系统来完成对中心节点的数据访问。由于水利信息平台的主要作用就是要为所有的应用系统提供数据服务,因此必须具备在网络环境下提供数据服务的有关功能,如数据服务标准接口程序、数据访问权限认证、数据压缩传输、数据安全防护等。

在各个分节点上都按统一的标准进行专题数据的集成,建立相应的元数据库,并按与中心节点相似的方式进行数据管理和数据服务。任何一个分节点在建立好之后,均可通过向中心节点注册而成为整个数据共享范围内的数据节点,从而在向所有用户提供不同级别数据服务的同时,获得其他节点提供的数据服务。

因此,数据库系统整体结构建设采用集中与分布结合的方式,具有适合管理与控制、结构体系灵活、系统运行环境稳定、在一定条件下响应速度加快、易于系统集成与扩充等优点。

5.2.1.1 适合管理与控制

这种分布式的空间数据共享应用环境的结构更适合具有地理分布特性的组织或机构使用,允许分布在不同区域、不同级别的各个部门对其自身的数据实行局部控制。例如:实现全局数据在本地录入、查询、维护,这时由于计算机资源靠近用户,可以降低通信代价,提高响应速度,而涉及其他场地数据库中的数据只是少量的,从而可以大大减少网络上的信息传输量;同时,局部数据的安全性也可以做得更好。

5.2.1.2 结构体系灵活

分布式数据库系统的场地局部 DBMS 的自治性,使得大部分的局部事务管理和控制都能就地解决,只有在涉及其他场地的数据时才需要通过网络作为全局事务来管理。分布式 DBMS 可以设计成具有不同程度的自治性,从具有充分的场地自治到几乎是完全集中式的控制。

5.2.1.3 系统运行环境稳定

分布式系统比集中式系统具有更高的可靠性和更好的可用性。如由于数据分布在多个场地并有许多复制数据,在个别场地或个别通信链路发生故障时,不至于导致整个系统的崩溃,而且系统的局部故障不会引起全局失控。

5.2.1.4 在一定条件下响应速度加快

如果存取的数据在本地数据库中,那么就可以由用户所在的计算机来执行,速度就快。

5.2.1.5 易于系统集成和扩充

综合数据库除要为决策支持系统提供数据接口外,还要为业务应用系统提供标准接口,以便在业务系统中也能随意调用综合数据库中的数据,拓宽业务应用系统的功能。由于涉及市、区县之间的数据传输问题,按照数据库系统建设的目标和原则,同时考虑系统基层数据项目类别多,数据复杂,水行政管理部门业务应用数据多样化的需要,系统数据库采用"分布—集中式"数据库。沈阳市信息中心数据库为覆盖全市的水利管理信息数据,设置在市信息中心数据库服务器上;区县级信息中心数据库为覆盖该辖区内水利数据,分布在区县信息中心数据库服务器上。元数据库为全市统一,分布在市信息中心数据库服务器上。分布式数据库部署情况如图 5-1 所示。

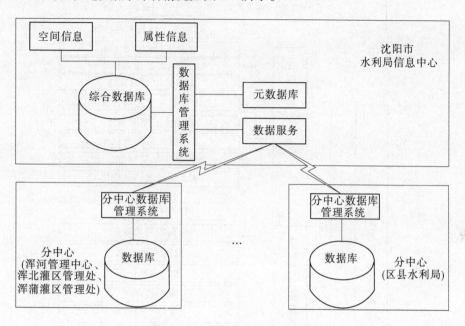

图 5-1 分布式数据库部署情况

5.2.2 总体结构

根据沈阳市水利局各业务部门在数据需求方面提出的建议和要求,也考虑到未来发展的需要,调查研究了沈阳市的数据状况,从防汛抗旱、水资源管理、灌区信息管理、水土保持、水利工程等各类数据的存储与管理要求出发,依据"统一规划、统一标准、统一设计、数据共享"的原则,将综合数据库分成在线监测数据库、基础信息数据库和业务管理数据库 3 大类。

在线监测数据库包括实时雨水情监测数据库、实时工情监测数据库、土壤墒情监测数据库、水源地监测数据库、地下水超采区监测数据库、取用水监测数据库、水功能区监测数据库、入河排污口监测数据库和水土保持监测数据库。

基础信息数据库包括水文气象数据库、水利工程数据库、给排水数据库、水环境数据库、灾情数据库、水土流失数据库、社会经济数据库和地理信息数据库。

业务管理数据库存储与防汛抗旱业务管理、水资源业务管理、灌区业务管理、水土保持业务管理、水利工程建设与管理、决策分析支持等有关的数据。

综合数据库的总体结构如图 5-2 所示。

5.2.3 在线监测数据库

综合数据库中在线监测数据库的监测数据包括实时雨水情监测数据、实时工情监测数据、土壤墒情监测数据、水源地监测数据、地下水超采区监测数据、取用水监测数据、水功能区监测数据、入河排污口监测数据、水土保持监测数据等,在线监测数据的具体内容

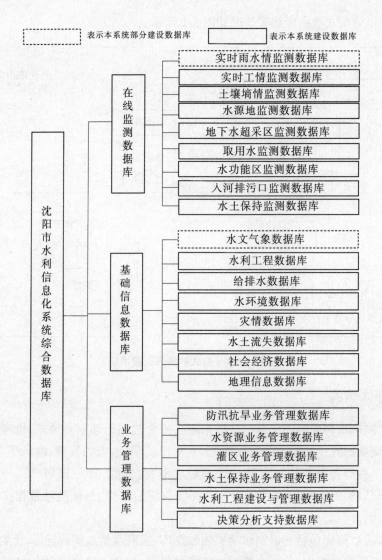

图 5-2 综合数据库的总体结构

如表 5-1 所示。

表 5-1 在线监测数据

分类	监测数据
实时雨水情监测数据	降水量(雨量)、水位、流量、含沙量、水库进出流量、蓄水量、闸门开启尺寸和下泄流量等要素
实时工情监测数据	水库水位、进出库流量、大坝位移沉降、土坝浸润线、扬压力、渗流及建筑物的应力应变观测等大坝安全信息;河道闸站的闸门开度、过闸流量、上下游水位等闸门运行信息
土壤墒情监测数据	地下水埋深、土壤含水量、土壤温湿度

分类	监测数据
水源地监测数据	水位、水质和开采量
地下水超采区监测数据	超采区的水位
取用水监测数据	取水量
水功能区监测数据	水位、流量和水质
入河排污口监测数据	视频图像、流量
水土保持监测数据	土壤样品中的速效氮、速效磷、有效钾、全氮、全磷、全钾、有机质含量，pH(酸碱度)，土壤含盐量

5.2.4 基础信息数据库

综合数据库中基础信息数据库包括的数据有水文气象数据、水利工程数据、给排水数据、水环境数据、灾情数据、水土流失数据、社会经济数据和地理信息数据等。

5.2.4.1 水文气象数据库

水文气象数据库包括雨情数据、水情数据、地下水数据、气象数据、墒情数据等,具体分类如下:

(1)雨情数据主要包括不同历时降雨量、24 h 内降雨强度标准、不同频率 24 h 降雨量、时段雨量记录、暴雨加报情况、雨量统计表、月雨量表、行政分区降雨特征信息和流域降雨特征信息。

(2)水情数据主要包括水库数据、河道数据、水闸数据、冰雹警报、日蒸发量表、气温水温表和含沙量表,水库数据又包括水库库(湖)站关系、水库水情表、库(湖)站防洪任务、库(湖)站汛限水位、库(湖)站容面积曲线、水库冰情;河道数据包括河道站防洪任务、河道水情;水闸数据包括闸坝站防洪任务、闸门启闭情况、水闸水情。

(3)地下水数据主要包括水位埋深、开采量(人工监测站开采量)、浅层地下水动态和水位埋深特征值。

(4)气象数据主要包括卫星云图、天气预报、数值预报和天气警报等。

(5)墒情数据主要指土壤含水量数据,主要包括固定监测点土壤含水量、移动监测点土壤含水量。

5.2.4.2 水利工程数据库

水利工程数据库包括河流数据、水库数据、水闸(含橡胶坝)数据、湖泊数据、堤防数据、蓄滞洪区数据、穿堤工程数据、水文站数据、跨河工程数据、治河工程数据、灌区数据、抗旱工程数据、节水工程数据、实时工情数据等,具体分类如下:

(1)河流数据主要包括河流的一般信息,河流图库,河流基本信息,河流横断面技术指标,河水传播时间表,河流管理、保护、清障、隔离带范围表,河流行洪障碍登记表,河流管理维修工程量表,河流旅游开发基本情况,河流横断面测量记录表,河流治理记录表,河流水文特征表。

(2)水库数据主要包括水库一般信息,水库流域自然地理概况,水库流域水文、气象特征,水库流域社会经济和水资源利用,水库水文特征,洪水计算成果,入库河流,出库河流,水库特征值,水库水位、面积、库容、泄量关系,水库输泄水建筑物单孔泄流量关系,水库防洪调度,水库汛期运用主要指标,水库效益指标,水库大坝,水库输泄水建筑物,输泄水建筑物闸门、机电设施,水库供电、通信设施设备,水库淹没损失及工程占地,水库管理范围、保护范围,水库房屋建筑面积统计,水库林地,水库旅游开发基本情况,水库逐年效益,水库历年逐月入库水量,水库运用逐年特征水位、库容,水库运行历史记录,水库枢纽建筑物观测概况,建筑物变形监测特征值,建筑物渗流特征值,水库水质逐年监测特征值,水库泥沙监测特征值,水库大坝安全鉴定记录,水库大坝注册登记记录,水库钢闸门和启闭机安全检测记录,水库大坝管理维修工程量,输、泄水建筑物管理维护工程量,水库防汛物资,水库出险记录,水库续、改、扩建及除险加固工程记录,水库自动测报系统,水库运行现状(实时工情)。

(3)水闸(含橡胶坝)数据主要包括水闸(含橡胶坝)一般信息,水闸工程图,水闸设计参数,水闸(含橡胶坝)设计效益指标表,水闸工程特征,闸门启闭机特征表,水闸水位、蓄水量、泄量关系表,橡胶坝工程特征表,水闸监测基本信息表,水闸(含橡胶坝)逐年效益统计表,水闸安全鉴定记录表,水闸(含橡胶坝)管理维修工程量表,水闸运行历史记录表,水闸(含橡胶坝)出险记录表,水闸治理工程记录表,水闸(含橡胶坝)运行状况。

(4)湖泊数据主要包括湖泊一般信息,入湖水系表,出湖水系表,湖泊基本特征,湖泊建设、变迁记录,湖泊运行状况,湖泊汛限水位表,湖泊水位、面积容积关系数据等。

(5)堤防数据包括堤防(段)一般信息、堤防(段)基本特征、堤防(段)主要效益指标、堤防(段)基本特征值表、堤防(段)横断面特征值表、堤防(段)横断面表、堤防(段)上下堤路口、错车台数据表、穿堤建筑物基本特征值表、堤防(段)历史记录表、堤防(段)治理工程记录数据等。

(6)蓄滞洪区数据包括蓄滞(行)洪区一般信息,蓄滞(行)洪区基本情况,水位、面积、容积、人口、固定资产关系,蓄滞(行)洪区避水设施分类统计表,行洪区行洪口门情况,蓄滞(行)洪区通信预警设施,陆路撤离道路统计,陆路撤离主要道路,蓄滞(行)洪区主要桥梁,蓄滞(行)洪区运用方案,行洪区历次运用情况,进、退水闸登记,蓄滞(行)洪区运行状况等一系列相关数据。

(7)穿堤工程数据主要包括穿堤建筑物一般信息、穿堤涵闸、穿堤倒虹吸、穿堤涵管(涵洞)、穿堤建筑物运行状况等数据。

(8)水文站数据主要包括水文站一般信息、水文站基本信息、水文站水文特征、水文站水位流量关系等。

(9)跨河工程数据主要包括跨河工程一般信息、跨河工程基本情况、跨河桥梁、跨河管线、跨河倒虹吸和跨河渡槽等。

(10)治河工程数据主要包括治河工程一般信息、治河工程基本情况、治河工程运行状况和治河工程出险统计数据等。

(11)灌区数据主要包括灌区一般信息、灌区基本情况、灌区效益等。

(12)抗旱工程数据主要有水窖、塘坝、水池和墒情监测站等数据,其中塘坝数据包括塘坝一般信息、塘坝水文特征值、塘坝大坝、塘坝工程效益、塘坝引(泄)水建筑物、塘坝管理情况、塘坝下游影响情况、塘坝安全鉴定和塘坝加固情况。

（13）节水工程数据包括节水灌溉工程数据、雨洪利用工程数据和中水厂数据。

（14）实时工情数据主要包括渗水、决口、浪坎、溃坝等相关数据。

5.2.4.3 给排水数据库

给排水数据库主要包括水资源量数据、供水数据、取用水数据、排水数据和节水数据等。

5.2.4.4 水环境数据库

水环境数据库主要包括水质数据、污染源数据、污水量数据、污水治理措施相关数据、处理量数据、水污染事故数据和生态水环境数据等。

5.2.4.5 灾情数据库

灾情数据库包括各种灾害数据，主要有洪涝灾数据、旱灾数据、风灾数据、雹灾数据、泥石流灾数据、水环境灾害数据和路面积水数据等。

5.2.4.6 水土保持数据库

水土保持数据库主要包括土壤侵蚀数据、泥石流数据、滑坡、人为侵蚀数据。其中，泥石流数据主要包括水源监测数据、土源监测数据和泥石流体监测数据；人为侵蚀数据主要包括弃土弃渣监测数据、地表扰动监测数据、开发建设项目水土流失监测数据等。

5.2.4.7 社会经济数据库

社会经济数据库包括自然地理概况、人类活动情况、固定资产情况、蓄滞洪区社会经济数据和小流域社会经济数据等。其中，蓄滞洪区社会经济数据包括蓄滞洪区行政信息、蓄滞洪区人口情况、蓄滞洪区固定资产情况、蓄滞洪区房屋情况、蓄滞洪区土地覆盖情况、蓄滞洪区农作物播种情况、蓄滞洪区大牲畜情况、蓄滞洪区人均私有财产情况等；小流域社会经济数据包括小流域自然地理概况、小流域人口情况、土地利用情况、粮食生产情况和各业产值情况等。

5.2.4.8 地理信息数据库

地理信息数据库主要包括基础地形图、水利工程专题图、供排水工程专题图、水土保持专题图、节水工程图、防汛抗旱专题图等。

5.2.5 业务管理数据库

业务管理数据库主要包括防汛抗旱业务管理数据库、水资源业务管理数据库、灌区业务管理数据库、水土保持业务管理数据库、水利工程建设与管理数据库、决策分析支持数据库等。其中，决策分析支持数据库主要是用于提供与决策支持系统相关的各种决策支持信息，由决策分析数据库、构件式模型库、预案方案库以及专家知识库组成，其主要内容包括：

（1）决策分析数据库有防汛 DSS 数据库、抗旱 DSS 数据库、水资源 DSS 数据库以及水土流失 DSS 数据库。

（2）构件式模型库是水利信息化系统的核心，要求建立具有实际效用的模型库，完善暴雨预报模型、洪水预报模型、水资源分析评价模型、水资源配置调度模型等，提高预测预报的精度和预见期,使洪水调度和水资源管理更加规范化、智能化。构件式模型库采用构件化的方式组织各种决策分析模型,灵活地为决策支持系统提供各种专业模型支持。

(3)预案方案库包括防汛预案、抗旱预案、水资源调配预案、水土保持预案等方案库。

(4)采用专家系统的思想建立专家知识库,为防汛、抗旱、水资源水环境管理、水土保持提供专家的经验知识支持。

5.2.6 数据库管理

数据库管理的主要目的是开发一套用于管理和维护综合数据库的数据库维护系统,实现对数据库的管理功能,这些功能包括数据维护功能、数据保存和还原功能、系统管理功能和数据导入导出功能、数据统计查询功能、数据通用查询功能、数据分类汇总功能、数据打印功能和数据过滤排序功能。

5.2.6.1 数据维护功能

1. 追加记录

用户选定所要追加数据记录的数据表以后,即可对该表进行数据追加,系统即在数据窗口的最后一行添加一条空白记录,然后用户可在空白记录上填写相应的数据内容。

2. 插入记录

插入记录与追加记录的不同是插入一条空白记录到当前光标所在记录位置之前而不是到最后。

3. 删除记录

删除记录将把当前光标所在的记录删除。

4. 数据表清空

数据表清空可实现对数据记录的批量删除,数据表清空将删除当前表在数据窗口中所显示的全部数据行。

5.2.6.2 数据保存和还原功能

1. 数据的保存

在对数据表的记录进行增、删、改以后,系统应提供保存功能。若数据不满足保存要求,如漏了必填项,或者所填写的数据格式不正确,或者数据的关联主外键不满足数据一致性要求,则数据不能保存到数据库中,系统会提示出错信息,用户应根据提示信息,进行修改后才能保存。

2. 数据的还原

数据的还原是指可以取消数据的增、删、改操作。系统将撤销用户自上一次保存后所做的增、删、改操作,将数据恢复。但如果用户在还原前保存过数据或又添加了新数据或者更换了新表,则还原按钮将不起作用。

5.2.6.3 系统管理功能

1. 用户管理

针对系统固有用户,无须另外建立,也不能删除,这一类包括系统管理员和访问客户;针对非固有用户,必须由系统管理员建立,也可以由系统管理员删除,这一类称为工作用户或注册用户。而在工作用户中,根据系统管理员赋予该工作用户的权限的不同,又可以分为三类,即系统管理用户、数据修改用户、访问客户,其中系统管理用户被赋予与系统管理员同等的权限;访问客户也与系统固有的访问客户的权限一样,因此也是同一类的,只是这些访问客户有具体的注册用户名,而系统固有的访问客户则无;数据修改用户是最常见的用户,又称为一般工作用户。

用户只有登录成功后才能使用系统。用户管理包括增加用户、删除用户、修改用户信息、修改密码等功能。

2. 权限管理

权限按用户组(角色)进行授权,也可以对用户权限进行授权。用户具有所在组的权限,用户权限优先级高于用户组权限。授权用户可以修改自己的密码,管理员可以修改所有用户的密码。

3. 日志管理

系统记录用户的操作信息,以便进行安全审计。日志管理包括日志查询、导出和备份功能。

4. 数据库设置

数据库设置的任务是重新设置客户端应用程序的后台数据库的位置及名称。主要是在后台数据库作了变换,如数据库服务器改变了名称、数据库改变了名称等情况下更改客户端的设置。

5. 数据库维护

数据库维护的任务是满足用户对综合数据库表结构进行修改的要求。用户可以自定义新的数据表结构,可以对已有的数据表结构进行修改或删除,也可以增加新的数据表。

6. 数据库合并

数据库合并的任务是满足用户对不同位置或不同数据库名称的综合数据库表数据进行合并的要求。系统将把源数据库中的数据信息全部合并到当前数据库中。

7. 数据库清空

数据库清空是指将所有数据删除清空。此功能一般只在初始使用时,由于操作不熟练输入了较多错误数据时才有必要运行。或者在数据发生意外丢失后,在进行"全部数据恢复"前为防止数据混乱也可以先进行清空。由于清空数据库将删除所有数据,因此应谨慎使用。此功能仅当以"系统管理员"身份登录时可用。在此,用户可选择相应的系统进行清空操作。

5.2.6.4 数据导入、导出功能

数据导入、导出功能主要是为了满足用户与外部数据进行交流的要求。

1. 数据导入

系统可以将外部其他数据库或数据表的数据批量装载到本系统的综合数据库,提高数据入库效率。

2. 数据导出

系统可以为其他系统提供数据,如为其他子系统的计算模型提供文本文件、为Excel或其他编辑软件进行数据再加工提供基础数据。

5.2.6.5　数据过滤、排序功能

1.数据过滤

数据过滤是指将一部分暂时不需要显示的数据进行筛选,将不满足条件的数据隐藏以突出显示所需要的信息内容。

用户可自由定义过滤数据的条件,并通过条件定义,对数据进行筛选过滤,将数据范围限制在用户限定的范围之内,加快数据维护的速度和效率,数据的打印、导出以及数据表清空等操作均针对过滤后的数据范围进行操作。

2.数据排序

数据排序可以满足用户对数据的不同顺序的浏览方式。

5.2.6.6　数据统计、查询功能

数据统计、查询功能主要是为了满足一般的分类汇总要求和动态的非固定数据的查询要求。系统设置的统计、查询功能都是通用的,统计、查询方式十分灵活,用户可根据自己的需要进行自由设定,以满足各种不同条件的统计、查询要求。

5.2.6.7　数据通用查询功能

数据通用查询功能是提供给用户将数据库中的信息进行综合、动态查询的功能,系统的通用查询完全是一种自由方式的设置。

5.2.6.8　数据分类汇总功能

通过数据的分类汇总功能,用户可将不同分类要求的数据进行汇总统计,以得到相应的统计数据。

用户选择好要采用的分类统计列(即系统将按选定的列指标进行分类汇总)、各计算列的统计类型(包括求和、求最大值、求最小值、求平均值等)以及设定统计条件(即只有满足条件的记录才参加汇总)后,单击"统计"按钮,显示系统分类汇总得到的结果。

5.2.6.9　数据打印功能

数据库维护系统的数据打印功能是为一般格式的动态数据打印设置的。调用打印时,用户分别在选择数据源、打印预览和打印输出三个页面上进行操作。在选择数据源页面上用户可选择输出的数据字段。数据库管理系统产品要求如表5-3所示。

表5-3　数据库管理系统产品要求

序号	技术要求
1	支持 ANSI/ISO SQL 2003 标准
2	支持各个主流厂商的硬件及操作系统平台 Unix、Linux、Windows。转换平台时,应用程序不用修改
3	支持主流的网络协议,如 TCP/IP
4	支持多 CPU SMP 平台,支持基于共享存储的并行集群
5	支持存储关系型数据和对象型数据
6	支持同构、异构数据源的访问,包括文件数据源;能和异构数据库互相复制
7	支持存储过程、触发器

序号	技术要求
8	支持 B1 级安全标准,内嵌行级安全功能,支持基于行业标准的数据库存储加密、传输加密及完整性校验
9	能够将原有异种数据库向本数据库无损失移植
10	支持中文国标字符集等多字节字符集,支持 Unicode 3.2 以上版本
11	具有强的容错能力、错误恢复能力、错误记录及预警能力,能在不影响数据库运行的条件下快速恢复已提交的修改,可以把整个数据库、指定表或指定的记录恢复到指定时间点
12	数据库、表大小等参数可在线设置,支持在线重建索引
13	内嵌对多媒体数据及地理信息数据的支持
14	内嵌支持表分区技术,包括范围分区、函数分区、哈希分区、列表分区、组合分区,部分分区离线不能影响其他分区的使用
15	支持 SQL 及 SQLJ 开发存储过程,内嵌 Java 虚拟机
16	支持数据库自动实时跟踪、监控,可自动进行性能调优,并能为管理员提供调优建议
17	支持 OLTP 和 OLAP 应用,内嵌多维数据库功能、内嵌数据挖掘功能
18	支持不依赖于第三方软件和存储的异地双机与多机热备;支持大规模数据加载和更新,数据库的数据文件能跨平台互相交换

第6章　应用支撑平台建设方案

6.1　应用支撑平台功能

应用支撑平台是沈阳市水利信息化系统资源(包括信息及信息处理能力等资源)的管理和服务的提供者,它是一个逻辑整体。它所管理的资源和服务,物理上分布于不同的网络节点上。

应用支撑平台主要为整个水利业务应用系统解决共性和关键性的问题,这些问题如下:

(1)资源共享:资源共享指用户和系统对资源的共同使用。资源包括数据资源和设备、软件等数据处理资源。

(2)信息交换:信息交换指不同的用户和系统之间在语义层上的信息互通。信息交换涉及信息表示、消息和信息格式转换等方面。

(3)业务访问:业务访问指业务系统功能能够被访问或使用。业务访问涉及业务功能的描述、发布和访问等方面。

(4)业务集成:业务集成指整合部门或部门之间的业务系统,从而综合处理。业务集成主要涉及流程控制、事务处理等内容。

(5)安全可信:安全可信解决资源共享、信息交换、业务访问和业务集成等方面的机密性、完整性和不可否认性等问题。

(6)可管理:可管理指各种资源及其处理能够被监控、管理和维护。

6.2　总体结构参考模型

系统中的业务应用应与数据保持相对独立,减少应用系统各功能模块间的依赖关系,通过定义良好的接口与协议形成松散耦合型系统,在保证系统间信息交换的同时,尽量保持各系统的相对独立运行。

系统应采用分层设计的方法,将应用支撑平台划分为应用服务、公共基础服务和系统资源服务,分类和分层的原则视用户可见的程度由浅入深。其总体结构参考模型如图6-1所示。

应用支撑平台作为水利信息化系统应用技术架构的基础和支撑体系,它本身不属于某个特定应用系统,而是所有应用系统的载体。用户可以在这个载体上,根据水利信息化的应用需求以及业务发展的需要,构造各种具体的应用。

应用支撑平台的运行需要基础设施的支撑,通过标准接口与协议访问数据库中的数据。应用支撑平台为业务应用提供门户、配置和应用开发三种系统构造服务。

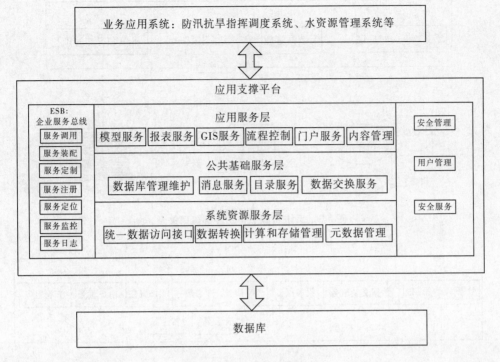

图 6-1　总体结构参考模型

6.3　接口参考模型

　　应用支撑平台服务组件均可部署在应用服务器上,根据服务对象不同与外部系统的接口不同,可按照平台的功能层次划分外部接口。应用支撑平台面向不同用户,平台提供的服务与用户之间的关系如图 6-2 所示。

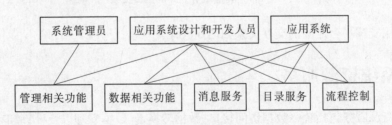

图 6-2　服务与用户关系

　　系统资源服务接口主要是系统中的计算设备、存储设备和数据库的数据。系统资源服务的外部接口关系如图 6-3 所示。接口包括与各种数据库管理系统、各种数据库访问中间件以及计算设备和存储设备的监控与管理进程间的接口。其他服务组件包括应用服务类和公共基础服务类,通过外部接口与应用系统交互,包括其他第三方的应用服务器程序。其他服务的外部接口关系如图 6-4 所示。

　　沈阳市水利局、沈阳市水利局直属异地办公单位以及其他相关单位之间的数据交换

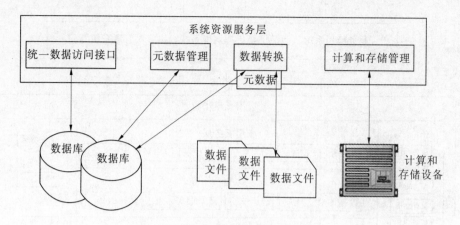

图 6-3　系统资源服务的外部接口关系

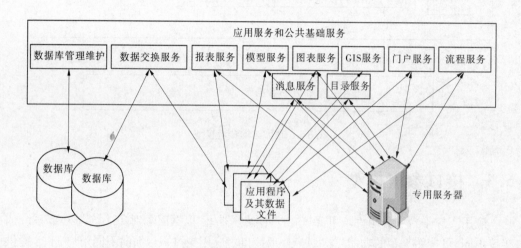

图 6-4　其他服务的外部接口关系

系统与应用支撑平台之间的交互关系如图 6-5 所示。

6.4　系统资源服务

系统资源服务包括统一数据访问接口、数据转换、元数据管理以及计算和存储管理。

6.4.1　统一数据访问接口

统一数据访问接口提供数据访问和管理服务,屏蔽数据存储与表达的异构,实现位置透明。

6.4.2　数据转换

为了支持企业决策,许多组织都需将数据集中起来进行分析。但通常数据总是以不

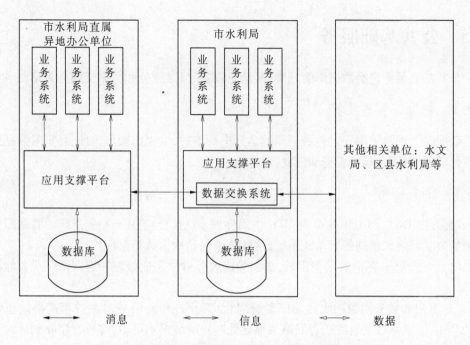

<table>
<tr><td>消息</td><td>信息</td><td>数据</td></tr>
</table>

图 6-5　数据交换系统与应用支撑平台之间的交互关系

同的格式存储在不同的地方。有的可能是文本文件,有的虽然具有表结构,但不属于同一种数据源,这些情况极大地妨碍数据的集中处理。数据转换服务能解决该类问题。

6.4.3　元数据管理

元数据最常见的定义是:"关于数据的数据"。更准确地说,元数据是描述流程、信息和对象的数据。这些描述涉及技术属性(例如,结构和行为)、业务定义(包括字典和分类法)以及操作特征(如活动指标和使用历史)等。

6.4.4　计算和存储管理

为了满足各种业务系统的数据共享服务和水利信息为社会公众服务两大方面的需求,要求水利数据管理平台有大容量的数据存储能力、较高的数据加工处理与服务能力、可靠的数据存储安全保障条件和及时的灾难恢复能力。

在数据备份恢复方面,首先考虑在本地采用磁带库作为离线备份设备,并利用企业级数据备份软件,定制备份策略,定时对在线数据作全备份和增量备份,以保证在在线数据受到损坏的情况下能够迅速恢复。另外,将市水利局作为区县水利局和市水利局直属异地办公单位在线监测数据的异地集中备份点,通过数据交换平台,将区县水利局和市水利局直属异地办公单位的在线监测数据通过广域网用准同步方式上传到市水利局,这些数据既可以作为市水利局水利应用的基础数据,同时也可以作为一种异地数据备份的数据。

为高效可靠地存储这些数据,应当建设以存储区域网络(SAN)架构为基础的数据存储、交换和服务系统。SAN 架构是当代大型综合数据库普遍采用的先进技术,它利用光纤和光交换机等数据交换设备,具有很高的服务效率、可靠性和可扩展性。

6.5　公共基础服务

公共基础服务包括数据库管理维护、消息服务、目录服务和数据交换与共享服务。

6.5.1　数据库管理维护

数据库管理维护用于对各数据库的运行进行维护,以提供操作方便、易于对数据库数据进行增加、删除、修改、备份和恢复等功能。

6.5.2　消息服务

当前,CORBA、DCOM、RMI 等 RPC 中间件技术已广泛应用于各个领域。但是面对规模和复杂度都越来越高的分布式系统,这些技术也显示出其局限性:

(1)同步通信:客户发出调用后,必须等待服务对象完成处理并返回结果后才能继续执行。

(2)客户和服务对象的生命周期紧密耦合:客户进程和服务对象进程都必须正常运行;如果由于服务对象崩溃或者网络故障导致客户的请求不可达,客户会接收到异常。

(3)点对点通信:客户的一次调用只发送给某个单独的目标对象。

面向消息的中间件(Message Oriented Middleware,简称 MOM)较好地解决了以上问题。发送者将消息发送给消息服务器,消息服务器将消息存放在若干队列中,在合适的时候再将消息转发给接收者。这种模式下,发送和接收是异步的,发送者无须等待;但二者的生命周期未必相同:发送消息的时候接收者不一定运行,接收消息的时候发送者也不一定运行;一对多通信:对于一个消息可以有多个接收者。

6.5.3　目录服务

目录服务本质上是一种基于客户/服务器模型的信息查询服务,它依赖于目录数据库。与关系数据库相比,目录数据库更擅长查询。目录数据库中的数据读取和查询效率非常高,比关系型数据库能够快一个数量级。但是它的数据写入效率较低,适用于数据不需要经常改动,但需要频繁读出的情况,最典型的就是电子邮件系统的用户信息。

目录数据库是以树状的层次结构来描述数据信息的。这种模型与众多行业应用的业务组织结构完全一致,如政府部门、行政单位和企业的机构设置、人员和资源的组织方式。由于在现实世界中存在大量的层次结构,采用目录数据库技术的信息管理系统就能够轻易地做到与实际的业务模式相匹配。显然,目录服务非常适于基于目录和层次结构的信息管理。

6.5.4　数据交换与共享服务

数据交换与共享是通过统一的规范和标准,消除由于应用范围、构建方式、系统结构、数据资源等方面所产生的各应用系统、数据库间的差异,实现信息的高度共享与交互,保证数据交换的透明、简便、可靠、安全。

数据共享与交换平台的总体要求包括平台与业务系统相对独立、平台的统一性、平台的可扩展性、具有跨平台运行的能力,等等。平台可以选用成熟的中间件技术,实现构件化的开发、远程的部署、实时监控,具备的基本功能包括数据组织、数据通信、文件处理、数据传输、数据格式转换,等等。

通过数据交换平台可实现各区县水利局、市水利局直属异地办公单位到市水利局的数据汇集和数据交换,市水利局信息化系统与其他行业的数据交换,与水利局内部的数据交换,保证数据在各部门、机构之间的正确传递。

6.6 应用服务

应用服务包括流程控制、报表服务、模型服务、GIS 服务和门户服务。

(1)流程控制:利用工作流技术提供流程控制服务。

(2)报表服务:利用报表引擎提供报表服务。

(3)模型服务:提供各种水利专业模型服务。

(4)GIS 服务:提供基本的空间数据及空间分析能力服务。

(5)门户服务:提供门户工具。

6.7 共享软件资源集

共享软件资源集是支撑平台实现应用支撑服务的重要基础,主要由常用基本算法(基本算法类构件)、各类基本功能实现(应用支撑类构件)和领域框架实现(方案实现类构件)3 个层次的软件构件构成。根据其与业务应用需求密切相关的特点,采用与业务应用开发密切结合的建设策略。

6.7.1 共享软件资源集的构造

共享软件资源集由分布在不同服务中的软件构件组成,体系上符合软件资源共享体系结构的要求,由平台资源管理器统一管理。其构造包括三个主要步骤:

(1)构件提取:从业务逻辑中,根据软件复用的基本原则,按软件资源共享体系将构件分离出来,进行设计;

(2)构件开发与封装:按支撑平台的技术体系与规程要求,开发和封装构件;

(3)构件部署:将构件按其功能和平台资源管理器的要求,部署到相应的物理和逻辑设施中,供构造业务系统共享。

与其他资源一样,共享软件资源随着业务应用系统的开发而不断丰富。

6.7.2 与业务系统开发的划分

根据共享软件资源构造的方式,其开发应与业务应用系统开发密切结合。其提取、设计、开发、测试、封装和部署等环节的技术规程由平台建设完成,以保证系统技术体系的一致性,其部署与运行维护支撑纳入平台建设,其提取、设计、开发、测试和封装在应用系统开发时根据技术规程一并完成。

应用系统开发时,须充分使用已有的共享软件资源。

基本算法类和领域算法类软件构件的开发以移植、整合、封装为主,其他构件优先考虑现有软件的规范化、移植、整合、改造和封装。

6.8 设备与技术选择

应用支撑平台涉及的产品主要包括 Java EE 应用服务器、ESB 中间件、门户系统、工作流引擎、报表工具、图表工具、GIS 系统,等等。

6.8.1 Java EE 应用服务器

在水利信息内网和水利信息外网的应用中都需要 Java EE 应用服务器软件,对 Java EE 应用服务器的要求如下:

(1)支持 J2EE 5.0,支持 EJB 3.0 和 JSF 1.2,支持 W3C 的相关标准。

(2)操作系统支持广泛;支持流行的数据库,支持 XA 协议;支持流行的 Web 服务器及浏览器。

(3)提供完整的技术特性,支持安全框架、消息、Web 服务、管理控制等各种功能。

(4)支持多种类型的网络通信协议,允许多种类型的客户机接入;对异种的编程环境(如 COM/COM+、CORBA、Tuxedo 等)提供支持,能够进行有效的集成。采用多线程的工作模式,能够充分利用硬件设备的多 CPU 资源。

(5)能够将负载分布到多个应用服务器上;提供多种负载平衡的算法,以完成对负载的分配。

(6)支持多种平台环境下的群集(Windows、Unix、Linux 等),支持在 Web 层和 EJB 层分别进行群集。

(7)支持多种对象类型进行群集(如会话 Bean、实体 Bean、JMS、JDBC、Servlet/JSP 等)。支持部署 Web Service;支持 WS-Security、SOAP 1.2、WSDL 1.1、JAX-RPC 1.0、UDDI 2.0 等技术标准。

(8)支持同步和异步的调用方式;支持 HTTP/S 和 JMS 传输协议;支持 Web Service 的国际化。

(9)支持 JSR 109 和 JSR 181 等 Web Service 的标准。

(10)提供内建的遵循 JMS 规范的企业级消息服务。

(11)支持多种格式的消息,支持 XML 格式的消息。

(12)提供安全机制,能保证数据传递的安全性;支持 JSSE,提供单向的和双向的 SSL 配置方式。

（13）支持 JCE、CSIv2 等安全标准，能够依靠这些标准与第三方的应用程序实施安全集成。

（14）支持多种用户管理的选项，提供内部的 LDAP 服务器，可集成第三方的 LDAP 服务器。

（15）提供可视化的设计和开发工具。

（16）能够开发多种业务组件（如 EJB、JSP、页面流、业务流程、Web Service 等）。

（17）对开源技术（spring、struts、hibernate 等）有很好的支持。

（18）提供统一的可视化工具来管理、监视和分析系统的各个组件。

（19）支持 SNMP 协议，能够与 SNMP 管理工具进行有效集成。

（20）提供多种日志，支持日志定制与日志国际化。

6.8.2　GIS 系统

GIS 系统主要用于水利信息内网上运行的各种业务应用系统，对 GIS 系统的要求如下：

（1）GIS 产品界面友好，提供丰富的 GIS 工具，能够完成地理数据编辑、维护、空间分析等功能；

（2）支持多类型的建模方式（包括可视化和脚本建模方式），并且保证空间分析模型可以方便地在桌面、开发以及服务器产品中被灵活调用；

（3）提供海量多源空间数据管理，可高效响应空间数据查询请求；

（4）易于开发，支持满足工业标准的二次开发环境；

（5）支持构建基于服务器的企业级 Web GIS 应用；

（6）支持面向服务体系结构（SOA），支持基于服务器提供多维地图服务、空间分析服务、数据编辑复制服务等；

（7）产品体系应具有良好的可伸缩性和可扩展性；

（8）具有良好的可集成性，能够与其他应用系统紧密结合，无缝集成；

（9）具有防止系统崩溃的机制，提供灵活而强有力的恢复功能；

（10）产品应支持跨平台（同一产品可同时支持不同平台），支持各种主流的硬件平台和操作系统，如 Solaris、AIX、HP-UX、Windows 等，支持多种 Web 服务器，如 IIS、Weblogic、Webshpere、Sun One Web Server、Apache 等；

（11）支持在多种主流 DBMS 平台上提供高级的、高性能的 GIS 数据管理接口，如 ORACLE、SQL Server、DB2、Informix 等。

6.8.3　业务中间件

运行在水利信息外网和水利信息内网上的应用都需要业务中间件，但对业务中间件的要求略有不同，如表 6-1 所示。

表 6-1　内外网业务中间件配置表

网络	中间件	用途
水利信息外网	基础架构平台 Framework	应用开发和应用集成的基础平台
	ESB 中间件	企业服务总线,用于应用集成
	工作流引擎 Workflow	用于流程控制
	网站群协同内容管理系统 CMS	用于建设外网网站群,包括市水利局外网门户和市水利局直属单位的门户系统
	Web 报表系统 Report	用于处理各种报表
水利信息内网	基础架构平台 Framework	应用开发和应用集成的基础平台
	ESB 中间件	企业服务总线,用于应用集成
	工作流引擎 Workflow	用于流程控制
	企业信息门户系统 Portal	用于建设内网门户
	Web 报表系统 Report	用于处理各种报表

6.8.4　数据交换与传输中间件

数据传输部分应该具有以下技术指标:

(1)支持多种数据格式,可以传输文本文件、二进制图像等格式的数据。

(2)支持多种网络环境,数据传输系统应该支持各种网络环境,如 TCP/IP、ISDN、X. 25、SNA、DNA 等。

(3)支持各种平台和操作系统,数据传输系统应该支持各种主流的硬件平台,如 HP、IBM、SUN、BULL 等,以及支持各种操作系统,如 Unix、Linux、Windows 等。

(4)自动实现编码转换,数据传输系统应该可以自动实现编码转换,如 Binary、ASCII、EBCDIC 等之间的转换。

(5)大文件支持,数据传输系统应该支持大文件的传输,对文件传输没有大小限制。

(6)高安全性,支持 SSL、TLS,支持加密签名等安全机制,可集成第三方安全平台。

(7)断点续传,产品应支持断点续传。

(8)备份网络链路,数据传输系统应该支持备份网络链路,如果网络出现中断,可以自动启动备份网络链路进行数据传输,保证传输的可靠性。

(9)优先级控制,产品应该可以提供优先级控制机制,可以按照优先级的设置顺序进行数据传输。

(10)双向并发机制,数据传输系统支持双向并发机制。

(11)信息路由,数据传输系统可以实现动态的信息路由。

(12)保证数据传输的唯一性,数据传输需要保证唯一性,不产生覆盖的情况。

(13)灵活的调用方式,可以通过图形化界面、命令、API 进行数据传输通道的调用。

(14)图形化的端到端的监控,具有图形化界面,可以对端到端的数据传输进行实时监控。

数据交换平台应该具有以下技术指标：

(1)支持多种通信方式,为了使数据交换平台可以以多种方式为各应用系统提供服务,平台应该支持在 TCP/IP 和 X. 25 上运行的最常见的协议,X. 420、X. 435、FTP、FTPS、HTTP、HTTPS、MQ、POP3/SMTP、JMS、Web Service 等。

(2)支持多种数据格式,数据交换平台应该支持多种数据格式,并可进行相应数据格式的自动校验。平台需要支持 XML、EDIFACT、ANSI X. 12、ebXML、RosettaNET 等。

(3)图形化的数据格式的转换,数据交换平台应该提供图形化界面,以拖拽的方式实现数据转换,并提供可以直接进行各种数据处理的方法。

(4)支持多种关系型数据库,平台支持多种主流的关系型数据库,如 ORACLE、DB2、SQL Server、Informix、Sybase 等。

(5)中心管理的模式,平台应为中心管理的模式,方便管理维护。不在客户端安装任何软件即可实现与数据交换平台的连接。

(6)平台的成熟性,此数据交换平台应该是非常成熟的产品,在国内外,特别是国内相关行业有很多成功的案例。

(7)高性能,平台应该具有很高的性能,具有并发处理模式。

(8)高稳定性,平台应支持 7 × 24 h 高效稳定的运行。

(9)高可扩展性,平台应该以即插即用的方式支持各种通信协议、数据格式、应用适配器等模块的扩展,同时具备双机热备、集群的扩展性。

第7章 主要业务系统建设方案

7.1 实时信息接收与处理系统

7.1.1 需求分析

实时信息接收与处理的主要任务是接收处理各种实时监测数据。通过构造运行于不同地域层次的实时监测数据的实时信息的接收与处理设施和软件,实现数据入库前的分类综合、格式转换等,并构造支持数据分布与传输的管理系统,保障系统信息分散冗余存储规则的实现及数据的一致性。信息接收处理子系统的建设主要可以满足以下3点需求。

(1)信息接收:以信息为核心,理顺信息流程,建立具有信息共享、实时传输、方便高效的信息接收系统,可以对各测站的信息予以接收,接收到的信息种类包括数字、文本、图形图像和声音等。

(2)信息转换:将接收到的信息处理成数据库可以统一存储的格式。

(3)信息存储:对接收到的信息进行分类,并存储到不同的数据库中,供业务应用系统进行综合分析处理。

7.1.2 系统设计

系统设计主要遵循两条原则,其一是在总体规划下统一标准、统一设计;二是将现有基础站网和新的信息资源管理平台的建设开发进行充分整合。在此基础上通过分中心负责各辖区范围内的各种信息收集,通过骨干信息网传输到中心。实时信息接收与处理系统结构如图7-1所示。

(1)采用消息中间件技术进行各种实时信息的整合,以适应各种数据的并发处理要求和对各种协议同时支持的要求。

(2)采用信息分类处理模块进行各类信息的识别和分类,如雨水情信息类等。

(3)采用信息转换处理模块对分类信息进行处理,将其转换成为数据库可以存储的格式。

(4)利用数据库的临时表、触发器等,对数据进行错误校验、合理性检查、错误标示等二次加工处理后,写入相应的数据库表中。

7.1.3 功能设计

功能设计主要包括在线监测信息的接收处理、水文局实时监测信息的接收处理和气象信息接收处理三部分。

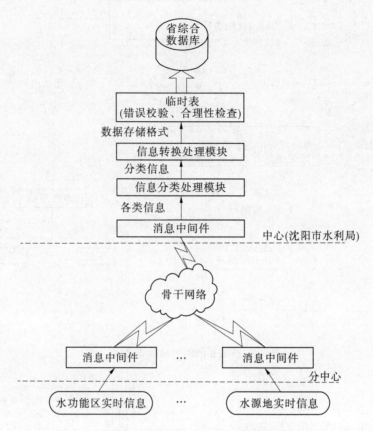

图 7-1　实时信息接收与处理系统结构

7.1.3.1　在线监测信息的接收处理

1. 接收内容

接收内容包括实时雨水情、实时工情、土壤墒情、水源地、地下水超采区、取用水、水功能区、入河排污口和水土保持等信息,主要来自市级测站和分中心级测站。

2. 接收流程

信息流程以测站为信息源,各站按照行政区划或管理责任单位将信息报送至相应的分中心/中心,同时各分中心实时向中心报送信息。这样,既保证了雨水情等信息逐级上报,规范管理,又实现了信息共享,提高了信息利用率。

3. 信息处理

信息处理包括实测数据检校、校验误差及定指标合理性检查。

在线监测的信息接收流程如图 7-2 所示。

7.1.3.2　水文局实时监测信息的接收处理

1. 接收内容

接收内容为辽宁省水文局实时监测的雨水情信息。

2. 接收流程

水文局实时监测的信息接收流程如图 7-3 所示。

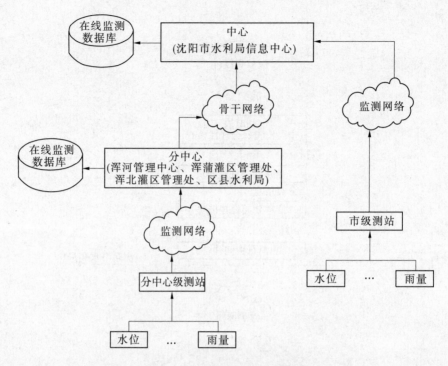

图 7-2　在线监测的信息接收流程

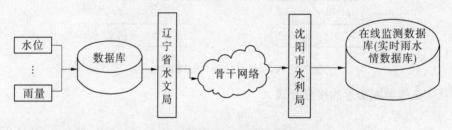

图 7-3　水文局实时监测的信息接收流程

7.1.3.3　气象信息接收处理

1. 接收内容

（1）卫星云图。

（2）天气预报：以协议方式向沈阳市气象局预订各期天气预报产品，包括风场预报、气压场预报、环流场预报等，在大雨来临之前，及时掌握大型天气过程的运动和发展趋势。

（3）赤道东太平洋Ⅰ～Ⅲ区海温变化图和预报图：根据海温异常变化预报，可以跟踪监视厄尔尼诺和拉尼娜现象的发生发展，从而掌握厄尔尼诺或拉尼娜现象背景下沈阳地区旱涝发生发展的长期趋势。该部分信息采自中国气象局国家气候中心。

（4）数值预报：12 h 数值预报、24 h 数值预报、72 h 数值预报。该部分信息采自沈阳市气象局。

（5）定期登录中国气象局网站和世界气象组织网站，下载关于沈阳市周边地区以及亚洲如日本、蒙古、印度等国家和地区的降水预报及实况，通过信息服务系统发布，掌握全流域降水和大气候背景,为沈阳市防汛工作和防汛决策提供可靠保障。接收到的内容存入气象数据库中。

2. 接收流程

该系统以沈阳市气象局的信息为主体,以国家气候中心、世界气象组织网站的预报预测等为补充,全面建立针对沈阳地区及所在流域的大型天气过程和气候背景的跟踪监视、预报预测和信息管理子系统。中心与市气象局之间利用光缆(2 M 带宽)进行数据和图文传输。中心配备 1~2 台计算机用以完成初步查询和分析等工作,并将所有信息输入业务系统相应的数据库和模型库。

气象信息接收流程如图7-4 所示。

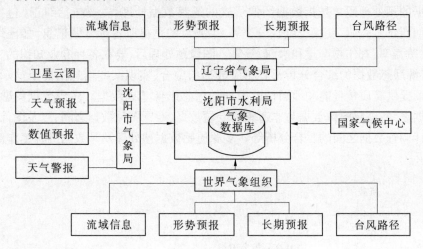

图 7-4　气象信息接收流程

3. 信息处理

卫星云图信息处理分为3 部分功能:

(1)图像和三维化处理:利用专业卫星云图处理软件对接收到的原始信息进行处理,形成平面卫星云图和三维卫星云图。

(2)等温线分析:利用专业卫星云图处理软件对接收到的原始信息进行处理,形成平面卫星等温线图和三维卫星等温线图。

(3)时段综合分析:将一个时期内指定区域的卫星云图信息进行按序汇总,使用卫星云图模拟动画制作工具软件,将卫星云图系列进行动画模拟。

7.1.3.4　遥感信息接收处理

1. 数据源的选择

(1)洪涝灾害的监测与评估以气象卫星 NOAA(AVHRR)数据为主要信息源进行动态宏观监测评估,天气条件恶劣时利用雷达卫星 SAR 数据。对灾情严重地区,利用机载 SAR 数据进行航空遥感监测与详细评估。

(2)旱情监测评估主要采用气象卫星 NOAA(AVHRR)作为数据源,且由于土壤含水量的变化周期较长,变化幅度也相对较小,因此可以使用长周期间隔的遥感信息来满足旱情评估的需要。

（3）对于水资源与水环境遥感调查来说，通常选择高分辨率资源卫星影像获取地表水体、植被覆盖以及土地利用等方面的生态环境背景数据。

（4）水土流失监测评估中也是多采用陆地卫星 TM、ETM、ETM +、SPOT、CBERS 等数据作为数据源。

2. 信息接收

遥感信息的接收采用从已有的遥感卫星地面接收站方式取得，即定期从中国科学院中国遥感卫星地面站购买各种遥感卫星的传送数据，或建立卫星遥感数据实时传输系统，将遥感数据及时准确地传送到沈阳市水利局。

3. 信息处理

遥感数据的预处理通常是指数据图像形式的遥感数据处理，主要包括纠正（包括辐射纠正和几何纠正）、增强、变换、滤波、分类等，主要目的是提取各种专题信息，如土地利用情况、植被覆盖率、农作物产量和水深，等等。图像预处理后，要在各种专业知识的支持下，通过对多源遥感数据的综合分析及其相应数据的融合，实现某些信息的突出显示，为人机交互判读提供高质量且能和地图精确配准的遥感影像基础数据。多源数据的融合，包括遥感数据之间，遥感图像数据与非遥感的专题数据、专题图件数据之间，以及图像、图形数据与统计调查数据之间的复合分析等。多源遥感数据预处理及其数据融合工作流程如图 7-5 所示。

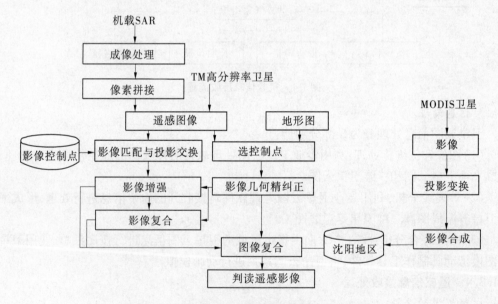

图 7-5　多源遥感数据预处理及其数据融合工作流程

监测目标的人机交互判读及其信息提取功能是要尽快地给出监测目标的地物类型、地理位置、面积范围、持续时间及动态变化的信息。使用经过预处理的图像或经多源数据融合后生成的数据作信息源，以高性能微机及其相应软件平台组成图像判读系统，采用全数字化作业方式完成。其中软件平台应具有图形栅格与矢量结合、多种数据格式的交换功能。图 7-6 给出了人机交互判读及其信息提取的工作流程和功能。

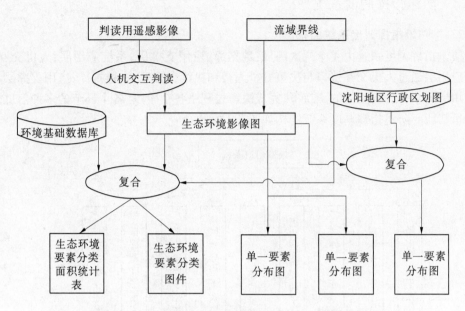

图 7-6　人机交互判读及其信息提取的工作流程和功能

7.2　防汛抗旱指挥调度系统

7.2.1　需求分析

新中国成立以来,为防治水旱灾害,沈阳市投入了大量的人力和物力进行江河整治,加强水利工程建设,防洪抗旱能力得到了大大增强。但完全依赖工程措施提高防洪标准和抗旱能力,不仅周期长、投资多,而且也难以实现某些目标。应该在努力提高防洪抗旱工程能力的同时,大力加强防洪抗旱非工程措施的建设,充分采用现代信息技术全面改造和提高传统的防汛抗旱效率。

重要的防灾减灾非工程措施是建设沈阳市防汛抗旱指挥调度系统,工程的建设将提高水旱灾害信息采集、传输、处理的时效性和准确性,提高防汛抗旱指挥决策的科学性,更充分地发挥水利工程减灾效益。

真实有效的信息是防洪抗旱决策的基础,是正确分析和判断防汛抗旱形势,科学地制定防汛抗旱调度方案的依据。当发生洪水和严重干旱时,可迅速地采集和传输雨水情、工情、旱情和灾情信息,并对其发展趋势作出预测和预报,经分析制定出防洪抗旱调度方案,是指挥抢险救灾,有效地运用水利工程体系,努力缩小水旱灾害范围,最大限度地减少灾害损失的关键。

沈阳市防汛抗旱指挥调度系统也是水利信息化的骨干工程,其采集的信息资源、建立的数据库系统、形成的计算机骨干网络以及开发的决策支持应用系统将为水利行业其他专业系统建设奠定基础。

7.2.2 防汛指挥调度系统

7.2.2.1 防汛指挥调度系统结构

防汛指挥调度系统由 4 个层次组成:数据库、应用支撑层、系统应用层、人机交互层。系统应用层通过人机交互接口与决策分析人员和决策者交互,在数据库、应用支撑层和系统应用层的众多分析功能的支持下,完成决策过程中各个阶段、各个环节的多种信息需求和分析功能。防汛指挥调度系统结构如图 7-7 所示。

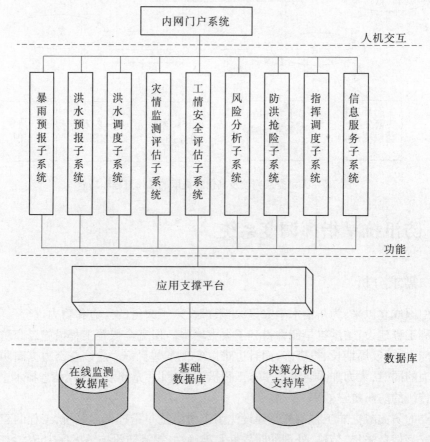

图 7-7 防汛指挥调度系统结构

系统建成后,将为全面、迅速、及时、准确地掌握沈阳市雨水情状况提供方便;为洪水预报、灾情评估提供及时的基础资料;为防汛调度决策和指挥抢险救灾提供有力的技术支持和科学依据;为实现工程自动化管理提供信息基础。

1. 数据库

数据库包括基础数据库、模型库、预案库、专家知识库和防汛 DSS 数据库。系统决策支持所需的信息将通过模型库产生并以动态的数据、图形、表格、文字方式输出。这些预报或模拟产生的信息将为决策者提供准确可靠的决策指挥依据。

2. 系统应用层

系统应用层是系统的核心,提供防洪决策过程中所需的各种业务分析、信息接收处理、数据管理等功能。针对防洪决策属于群体决策这一特点,系统应用层还需要提供对决策会商和异地会商的有效支持。

按照决策支持的功能需求,系统应用层分为多个功能子系统:暴雨预报子系统、洪水预报子系统、洪水调度子系统、灾情监测评估子系统、工情安全评估子系统、风险分析子系统、防洪抢险子系统、指挥调度子系统和信息服务子系统。系统应用层主要采用地理信息系统、卫星遥感、雷达测雨、暴雨预测预报、洪水预测预报、专家系统、三维虚拟仿真等现代技术,服务于防汛指挥调度人员。

3. 人机交互层

通过内网门户系统进行使用者与应用软件之间的人机交互。具体功能包括控制应用软件运行、运行控制参数的输入和运行结果的表达等。

7.2.2.2 防汛指挥调度系统流程

防汛指挥调度系统流程分为 5 个阶段,具体流程如图 7-8 所示。

1. 信息收集阶段

信息收集阶段主要进行气象、雨情、水情、险情、灾情监测数据资料,水库、分(蓄、滞、行)洪区运用情况和工程安全状况,以及地理、社会经济信息变化情况等防汛相关信息的实时收集、整理与存储管理,并提供方便灵活的信息服务。信息是决策的基础,实时准确的情报信息构成正确决策的基本环境。

2. 预测预报阶段

根据气象信息进行包括暴雨降落区和量级的暴雨预报,并据此生成流域洪水量级估算;根据雨水情进行主要控制站的洪水预报,并生成洪峰、洪量频率计算成果;根据工程运用情况及相关模型,参考专家判断可能出险类型和部位的意见,进行工程安全状况预测;根据各类汛情和地理、社会经济资料,综合进行洪灾发生和发展预测,以及灾情的预评估。由于防汛决策属于事前决策,因而在洪水到来之前必须对防洪工程运用、防汛措施选择等作出安排。预测预报是事前决策的基本前提,预测预报的结果是拟定方案和进行调度的基本依据。

3. 方案制订阶段

实时气象、水文信息和雨情、水情、工情、灾情及其发展趋势的预测预报,构成防汛形势的预测预报。通过对防汛形势进行科学的分析、归纳、推理,形成防汛决策的具体内容和目标,然后依据决策目标和可采用的各类工程的和非工程的防汛手段,设计实现决策目标的可行方案集,并对每个可行方案的风险及其后果进行评价。

4. 决策实施阶段

在认清防汛形势的基础上,以洪灾损失最小为总目标,结合专家经验和首长意志,通过会商进行方案调整,选择出满意方案。通过先进的现代通信指挥平台,以视频会议、电话、语音和文字指令等下达防汛调度命令、抗洪抢险人员物资布置、蓄滞洪区撤离、应急措施启用等命令,并在 GIS、RS 技术的支持下,实时快速地计算分析出洪灾范围,估算洪涝灾害损失,进行动态灾情评估,提供相关决策参考。

5. 执行反馈阶段

决策的执行结果和相关情况可通过通信平台进行实时反馈。必要时可进一步在执行

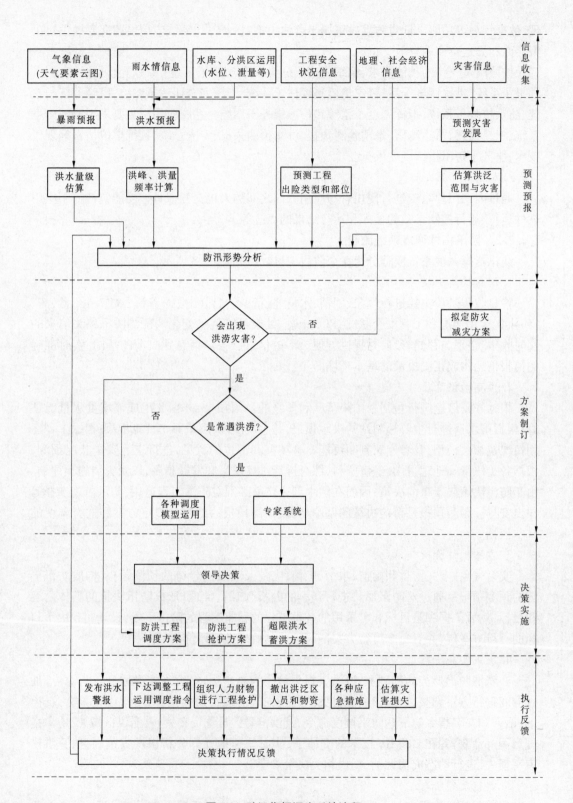

图 7-8 防汛指挥调度系统流程

过程中,对防汛决策进行动态的修正和完善。

7.2.2.3 功能设计

1. 暴雨预报

暴雨预报主要是利用常规气象预报技术、遥感卫星技术等手段向水利局提供沈阳地区的暴雨数值预报和落区预报。进行降雨、天气监测,制作和显示不同时段的雨量图、雨量距平图、各种天气图、卫星云图和云图估算降水量图、多种信息合成综合天气形势图,查询任一地区特定时段的降水量、面平均雨量、面降水总量和不同降水量级笼罩面积统计分析表。进行致洪暴雨雨情和天气背景历史相似分析,通过相似判别等方法进行当前降雨和天气形势与历史对比分析,供防洪决策参考。

按照系统分工,将由气象信息接收与处理系统负责气象资料的接收处理,并完成应用于洪水预报以前的预处理。

建立并运行中尺度数值预报模型,运用天气学、数值预报等多种预报方法和多种气象产品以人机交互方式制作汛期24 h、48 h降水预报产品并内部发布;应用气象部门提供的国内外多种数值预报产品,建立模式输出统计预报方案及其他经验统计预报方案,参考气象部门和国外的中期预报成果以人机交互方式制作汛期3~7 d的流域降水量预报产品并内部发布;建立长期降水预报所需的气象资料库、方法库和计算机预报体系,以每年各流域汛期和枯水期两次预报为主,在有条件和需要的情况下进行流域月、季的降水预报,产品以预报图和预报报告的形式内部发布,同时转发气象部门提供的长期预报和气候服务产品;建立致洪致灾暴雨预警信息扫描跟踪方案,自动提供各种灾害性、关键性雨情、天气形势警报信号,再结合人的经验进行分析判断,以人机交互方式制作致洪致灾暴雨预警信息并内部发布。

2. 洪水预报

根据采集的实时雨水情信息和暴雨预报结果,预报出沈阳市主要水库和河道未来要发生的洪水,并根据不同的预报洪水量级,分目标、分阶段向指挥人员发出警示。

洪水预报的模型和方法是洪水预报的核心,包括水文和水力学模型,模型状态变量和模拟输出的实时校正方法、显示实测过程和模拟输出及其对比的方法,实现时间序列数据相加、相减、乘以权重和改变时段长度等的计算方法。

洪水预报是由具有各种功能的软件单元和数据组成的有机整体,是防洪调度系统的重要组成部分。洪水预报子系统结构如图7-9所示。

洪水预报子系统的功能主要由预报数据预处理模块、模型参数率定模块、实时洪水预报模块、河道洪水演进模块及实时校正模块组成。

3. 洪水调度

洪水调度的对象主要是沈阳市主要水库和河道。根据水库或河道的洪水预报结果,计算水库或河道的洪水调度成果,为防汛指挥决策提供最佳的洪水调度方案,并将最终确定的调度方案通过计算机网络向有关部门传送。

洪水调度主要包括防洪形势分析、防洪调度方案制订、防洪调度方案仿真、防洪调度方案评价、防洪调度成果管理等主要功能。洪水调度子系统结构如图7-10所示。

(1)防洪形势分析。

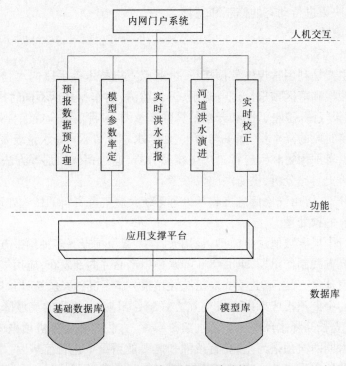

图 7-9　洪水预报子系统结构

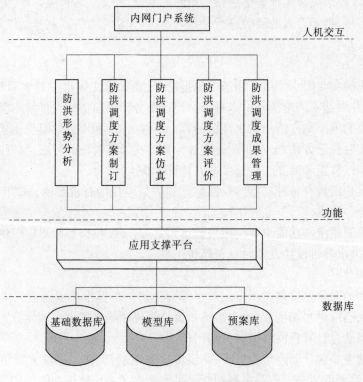

图 7-10　洪水调度子系统结构

按照防洪调度规则进行推理判断,初步判明需启用的防洪工程,并参考防洪工程运用现状,明确当前的调度任务和目标,编制防洪形势分析报告。

(2)防洪调度方案制订。

根据防洪形势分析结果,以人机交互方式,设定或修改水库与蓄滞洪区等防洪工程的运用参数,制订调度方案。

(3)防洪调度方案仿真。

按照所设定的防洪工程运用参数,通过水库调洪计算、河道与蓄滞洪区的洪水演进计算,预测调度方案实施后水库水位与出流变化过程、河道主要控制站的水位与流量过程以及启用的蓄滞洪区的水位和蓄、退水情况。

防洪三维虚拟仿真基于3D GIS平台,采用三维可视化和虚拟现实技术,对降雨、流域产流、河道洪水演进过程进行三维模拟仿真。

(4)防洪调度方案评价。

对所制订的方案进行可行性分析,对可行方案进行洪灾损失的初步估算和风险分析,以洪灾损失最小为原则,综合考虑防洪调度的各个目标,对各个调度方案的调度成果进行对比分析,并可根据决策者所确定的决策目标及其重要程度,对各调度方案进行评价与排序。

(5)防洪成果管理。

对以上四种功能的成果进行管理。

4.洪涝灾情监测评估

(1)洪涝灾害的遥感监测。

在对汛情的遥感监测方面,遥感具有多方面的应用:利用陆地卫星对洪水进行监测,可以将洪水期图像与本地水体图像叠合,确定显示淹没范围及河道变化;利用极轨气象卫星资料调查洪水,利用机载合成孔径雷达图像监测洪水,利用近红外遥感调查河流行洪障碍物的分布及地方决口的位置和原因;将遥感与GIS结合,实现对汛情的全天候、准实时的监测与查询,使防汛指挥部门可以快捷方便地看到汛情。按照需要将汛情的时间和空间演变情况的遥感图像记录下来,然后作为水利工程规划建设及地方灾后重建的决策依据。

多平台、多遥感器的遥感技术从空间上实现了对洪水的动态、宏观监测,尤其能有效地监测洪水淹没范围及淹没区的土地利用状况、重要工程的破坏等。当然,不同平台的传感器对洪灾监测的能力与作用不同:低空间分辨率的气象卫星可监测洪水发展动态,而高空间分辨率的资源卫星和雷达卫星可鉴别淹没区及灾情状况。

(2)洪涝灾情评估。

灾前评估:根据预报的水位、流量、洪量以及调度预案,通过已有的洪水风险图或水力学、水文学模拟,确定受淹范围,再通过包括社会经济信息的基础背景数据库或洪灾风险图(带有社会经济属性的洪水风险图),对可能受灾地区耕地、房屋、人口、工农业产值、私人财产等进行快速评估,为方案决策提供依据。灾前评估为决策提供的依据有以下几个方面:

①从可能的经济损失这个角度为决策提供判据;

②从可能的受灾人口这个涉及社会因素的角度为决策提供判据;

③从迁安能力(人口数量、时间、车辆调动等)的角度为决策提供判据等;

④从可能受淹的重要工业基地、交通动脉、军事要地等重点保护对象的角度为决策提供判据。

灾中评估:在灾害发生过程中,依靠遥感实时监测图像,或根据水位、洪量等情况依据专家经验确定受淹范围。在用遥感作实时监测时,还能分出洪、涝、渍的范围。然后,通过包括社会经济信息的基础背景数据库或洪灾风险图对已受淹地区耕地、房屋、人口、工农业产值、私人财产等进行快速评估。这一评估最好是动态的,甚至还带有预测性的。后者则需根据预测的雨情、水情和工情加以判断与估计。

灾中评估要为决策提供的依据有以下几个方面:

①确定灾情规模及发展趋势。

②为救灾提供依据。

③为后继洪水调度提供依据。例如,在运用蓄滞洪区时,可根据第一个蓄滞洪区已受灾的情况,确定继续用第一个,还是用第二个,或者同时用第一个和第二个等几种方案中最为有利的一个。

④根据灾情对避险迁安的人口的安置在方式、时间长短等方面提供依据。

⑤为灾后重建的方式、资金、物资等提前做好准备。

灾后评估:根据目的运行方式,灾情都是在灾后通过各级政府的主管部门逐级上报的,这种方式由于种种原因,往往其客观性不足。但从国情出发,较长时期内还有必要考虑这种方式。

灾情评估系统的任务:一是要对上报灾情作迅速的统计和分析;二是要对上报灾情的可靠性提出评价意见,为上级的决策服务。

灾情评估系统结构如图7-11所示。

5. 工情安全评估

工情安全评估的对象是江河湖库、蓄滞(行)洪区及城市防洪工程的堤防圩垸和水坝等堤坝工程。对于大部分堤防和土坝工程而言,影响其安全性能的主要问题是堤(坝)身边坡的稳定性和堤(坝)身在各种水位工况下的渗透稳定性。因此,堤坝的安全评估主要是堤(坝)身的边坡稳定复核和渗透稳定复核,并且堤防复核计算及安全评价的方法应满足现行土石坝设计规范和堤防设计规范的要求。

工情安全评估首先对大坝实时监测数据进行分析,迅速地生成描述大坝性态的综合信息,如监测量的变化范围、规律、趋势、速率及因果关系等,分析与决策人员可以通过直观经验检查和数学模型等多种途径对信息进行交互式综合分析和判断,实现对大坝各个运行阶段的安全监控;然后输出大坝管理及资料整理分析工作所需的各类图表,并建立各类监控模型(单点或多点)及其他定量、定性标准对监测量进行及时检查。

根据现行水利工程设计规范和相关技术标准的要求,对沈阳市近城郊区的河湖堤防、水库大坝以及城市防洪的工程设施进行安全评估,同时,结合信息采集系统提供的雨水情信息,给出工程安全情况的判断,并在工程设施可能发生危险的情况下给出预警报告。工情安全评估的信息源取自系统综合数据库和专业数据库,工程安全评估的方法由工程结构安全评价及风险分析模型库和方法库提供,安全评估的成果信息存入专用数据库,并且

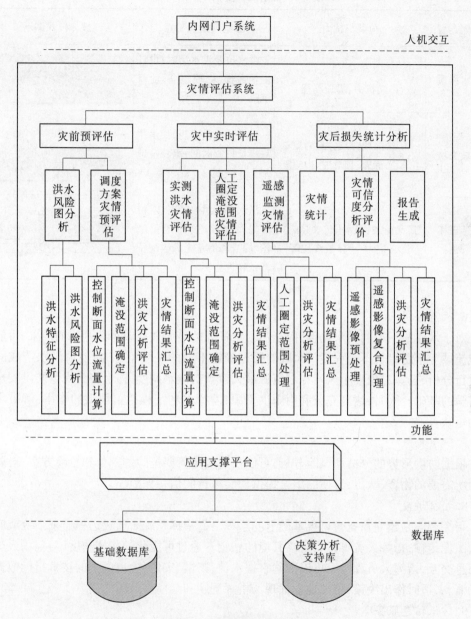

图 7-11　灾情评估系统结构

通过基于 Web GIS 技术的方式显示于防汛专网上的监控终端和会商室的大屏幕。

对于堤防工程,安全评估的内容为:洪水漫顶的危险、堤坡失稳的危险、渗透破坏(管涌)的危险(见表 7-1)。土石坝安全评估的内容为:坝体在正常蓄水位、设计洪水位和校核洪水位下的边坡稳定性、渗透稳定性以及应力变形状态。水闸安全评价的主要内容有闸基的渗透稳定性、水闸的结构稳定性等。

对于重点水库的土石坝工程和重点水闸,安全评估还将基于其安全监测系统,通过实时监测的数据,结合专业模型的分析结果,对坝体和水闸的安全性状进行判断。

表 7-1 堤防工程安全评估的内容

破坏类型	荷载与抗力	影响因素及特点	破坏模式图示
洪水漫顶	广义荷载:洪水位 广义抗力:堤顶高程	洪水位及洪水历时;设计堤顶高程、堤顶超高、堤身沉降	
堤坡失稳	广义荷载:滑动力、力矩 广义抗力:抗滑力、力矩	洪水位及洪水历时、水位涨幅及持续时间;堤身及地基土体强度	
渗透破坏 (管涌)	广义荷载:洪水位(水头差) 广义抗力:土体抗渗比降	洪水位及洪水历时、水位涨幅及持续时间;地基结构、堤身和堤基土的级配特征及物性指标	

6. 风险分析

对于水库或河道的洪水调度,由于追求水资源的最大效益或持续利用的结果,可能会造成流域上下游出现不同程度的风险。通过确定不同的风险指标,对流域洪水造成的风险进行分析,选择对象最小风险和水资源最大效益的洪水调度方式,将为保障防洪安全提供科学的基础。同时,达到充分利用雨洪资源,发挥水利工程拦蓄雨洪的作用,解决水资源的短缺。

7. 防洪抢险

根据防洪形势的分析和风险分析,可以快速确定需要抢险的部位和抢险方案,对防洪抢险所需要的物资、队伍、方案的组合提供切实可行的信息保障。

8. 指挥调度

指挥调度是建立在宽带可视基础上的远程会商指挥系统。通过远程监视系统或应急通信图像传输,指挥人员可以有身临其境的感觉。通过可视化的指挥调度,与现场人员进行信息交互,指挥人员和专家可以准确掌握水情、工情、灾情、险情发生的技术指标数据和现场概念,适时作出决策,更大地发挥现场指挥调度和会商决策的作用。

9. 防汛信息服务

基本汛情信息查询:提供实时和历史的气象雨水情信息;提供防洪工程基础资料和基础信息查询、暴雨预报结果查询、洪水预报结果查询、洪水调度成果查询;提供洪水调度预案、防洪抢险预案及防汛形势分析等。防汛信息服务系统结构见图7-12。

7.2.3 抗旱决策支持系统

7.2.3.1 抗旱决策支持系统结构

抗旱决策支持系统结构如图7-13所示。

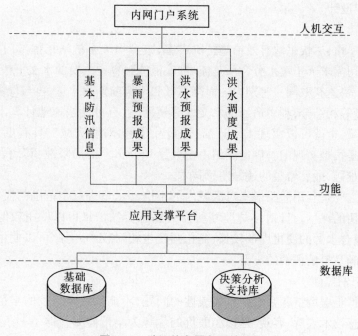

图 7-12　防汛信息服务系统结构

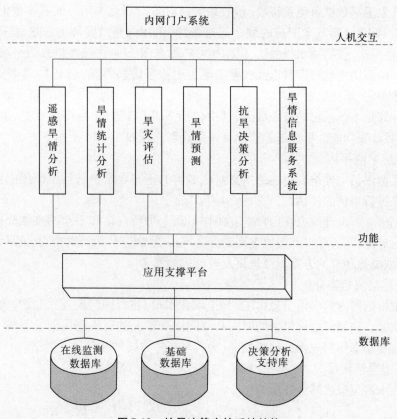

图 7-13　抗旱决策支持系统结构

7.2.3.2 功能设计

1. 遥感旱情分析

及时掌握旱情,尽快采取有效措施抗御灾害、减少损失是抗旱指挥部门,也是水利和农业部门的迫切需求。土壤水分含量是流域产、汇流计算中主要的水文下垫面因素之一,如果能大面积、快速获取同一时期内的面降雨量和土壤前期含水量,再与气象部门预报的降水量、蒸发量等相结合,利用适当的水文计算模型,就有可能快速地计算出某一地区的产汇流和径流量,也就可以实现洪水预测、预报和预警,对防灾减灾具有更重要的作用。这用常规方法是很难实现的。墒情测站由于数量和分布上的局限性,其代表性也是有限的。解决这一难题,最有希望的还是遥感技术。

旱情评估主要是利用遥感信息对区域内的土壤含水量进行全范围的监测,并基于监测结果进行旱情的评估。针对旱情监测所需的遥感资源信息可以使用较低分辨率的图像,且由于土壤含水量的变化周期较长,变化幅度也相对较小,因此可以使用长周期间隔的遥感信息来满足旱情评估的需要。

(1)遥感旱情监测。

在样点测得土壤墒情存在着样点代表性的问题,不能反映大范围的旱情及其在空间上的分布。遥感技术宏观、客观、迅速和廉价的优势为旱情监测开辟了一条新途径,在与地面墒情监测或水文模拟等多种方法结合的基础上,可以在旱情监测中实现业务运行。

由于气象卫星数据可免费接收(接收系统须自备),因此本项目的基本数据源是 NO-AA 或 FY-1 和 FY-2 等气象卫星的数字遥感影像,采用的旱情监测方法也都基于上述数据源,有热惯量法、作物缺水指数法、供水植被指数法和归一化植被指数距平法。本项目将根据沈阳地面墒情监测资料以及气象卫星历史数字遥感影像,选定 1~2 种方法,并进行模型参数率定。

模型计算是本子系统的核心部分,其中包括 NDVI 计算、土壤湿度计算、供水指数计算、缺水指数计算功能。旱情遥感监测及评估处理流程如图 7-14 所示。

(2)遥感旱情评估。

遥感旱情评估主要是利用遥感信息对区域内的土壤含水量进行全范围的监测,并基于监测结果进行旱情的评估。

将遥感信息与地理信息在用户交互操作平台上进行自动和手动的叠加分析,借助于 GPS 信息的定位功能,可以准确地查询受灾区域的受灾状况,为防洪抢险、抗旱调度、灾情评估、灾后恢复等环节的方案制订提供及时准确的参考。

(3)遥感旱情趋势分析。

对沈阳市范围内的旱情信息(主要为土壤含水量)进行同时期遥感监测,为抗旱指挥决策提供依据。按照需要将旱情的时间和空间演变情况的遥感图像记录下来,以便对区域内旱情演变动态作出正确的趋势判断,为抗旱指挥方案的制订提供数据。

(4)遥感旱情预报。

土壤含水量预报遥感信息模型:

$$AWS = a_0 \left(\frac{1-A}{\Delta T}\right)\left(\frac{D}{d}\right)^{a_1}\left(\frac{\rho_s}{\rho_w}\right)^{a_2}\left(\frac{h}{H}\right)^{a_3}\sin(\alpha)^{a_4}\left(\frac{IR-R}{IR+R}\right)^{a_5} \qquad (7\text{-}1)$$

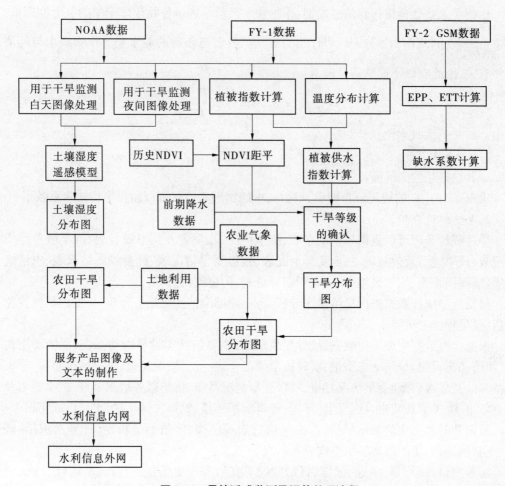

图 7-14　旱情遥感监测及评估处理流程

式中　AWS——影像土壤含水量；

　　　A——反照率；

　　　ΔT——日温差；

　　　D——土层厚度；

　　　d——土壤颗粒粒径；

　　　ρ_s——土壤的密度；

　　　ρ_w——水的密度；

　　　h——相对高程；

　　　H——绝对高程；

　　　R——红外波段反照率；

　　　IR——近红外波段反照率；

　　　a_0——地理系数；

　　　a_1,a_2,a_3,a_4,a_5——地理指数。

求出 a_0、a_1、a_2、a_3、a_4、a_5 的地理分布图后，根据其中的物理参数就可以预报土壤含水量。

作物缺水系数预报遥感信息模型:作物缺水系数是表示作物生理干旱的一个物理量,以 $1 - \dfrac{ET}{ET_m}$ 表示,ET、ET_m 分别代表作物的实际蒸散量与作物的需水量。作物缺水与环境条件有关,因此有以下遥感信息模型:

$$1 - \frac{ET}{ET_m} = a_0 (AWS)^{a_1} \left(\frac{P_w}{P}\right)^{a_2} \tag{7-2}$$

式中　P_w——大气水汽压;

　　　P——大气压;

　　　其他符号含义同前。

求出 a_0、a_1、a_2 的地理分布图后,根据式中的物理参数就可以预报作物缺水系数了。

2. 旱情统计分析

旱性统计分析可以查询旱情动态表、抗旱情况表、旱灾及抗旱效益表、抗旱服务组织情况表、抗旱能力及效益表、林业受旱情况表、牧区受旱情况表、社会经济情况表、农情统计表、灌溉面积表、抗旱设施表、历史同期旱情表、历史灾情表等。

根据抗旱统计数据进行旱情排序分析、历史同期旱情变化趋势分析、年度内旱情变化分析、受旱程度分析等。

根据实时数据生成历史数据、统计报表数据,主要包括实时旱情动态表、旱情动态旬报、旱情动态月报、旱情动态季报、实时抗旱情况全表、抗旱情况旬报、抗旱情况年报、旱灾及抗旱效益年报、林业受旱情况月报、牧区受旱情况月报、抗旱服务组织年报、抗旱能力及效益年报、受旱面积简报、社会经济年报、灌溉面积年报、农情统计年报、水利设施年报。

根据实时和历史的测站旱情,作出旱情分布等值线、等值面分析,并计算出重旱、轻旱、正常的面积,了解区域旱情空间分布状况。

对蒸发量、降雨量、风速、温度、日照状况等实时和历史信息进行查询、统计分析(柱状图、报表、等值分析)。

3. 旱灾评估

根据土地利用信息、社会经济信息、实时墒情信息,采用干旱灾情评估模型进行干旱损失的评估,并以统计报表和分区图的方式输出旱灾损失评估。

4. 旱情预测

根据历史旱情和当前的墒情、天气、降水等情况,利用神经网络模型进行旱情预测,为抗旱工作提供未来旱情信息,提前做好抗旱工作准备。

5. 抗旱决策分析

根据旱灾评估结果、抗旱物资、水量信息等制订抗旱抢险决策方案,进行灌溉预测和水量调度预测,查询抗旱管理部门制订的各种抗旱预案。

6. 旱情信息服务系统

基本旱情信息查询:实时和历史旱情数据查询、旱情监测站信息查询;旱情统计结果查询:各种旱情统计数据报表查询;旱情预测结果查询:墒情预测查询、灌溉预测查询;旱灾评估结果查询;抗旱预案查询。

旱情信息服务系统结构如图 7-15 所示。

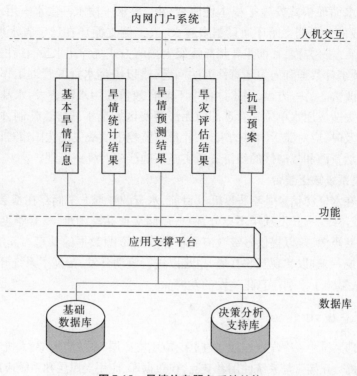

图 7-15 旱情信息服务系统结构

7.3 水资源管理系统

7.3.1 需求分析

结合目前沈阳市严峻的水资源形势,通过对各级水行政主管部门所属的水利管理职责进行分析,迫切需要解决三个方面问题。

7.3.1.1 水资源管理手段落后

现有的水资源管理手段已经不适应履行水行政管理职能、健全水资源管理制度的要求,不适应社会信息化发展与社会公众的要求,不适应经济社会发展需要,无法满足水资源可持续利用和有效保护的要求。具体表现在:沈阳市经济社会持续快速发展,已经面临着淡水资源短缺、供需矛盾突出的问题;点面污染叠加,水体质量下降;水土流失严重,生态环境退化,而水资源管理粗放、用水效率不高、浪费严重。目前,由于缺乏水资源监控手段与水资源信息化管理工作平台,制约了取水许可管理、计划用水、节约用水、水资源配置、多水源联合调度、水权明晰与转让等管理工作的开展,难以实现水资源的总量控制与定额管理,难以使水资源管理从粗放式管理向精细化管理、从经验管理向科学管理、从定性管理向定量管理的转变。依照行政许可法的规定,需要进一步明确水资源业务管理程序,增加水资源管理工作的透明度,便于社会监督。

7.3.1.2 计量与监控缺乏

计量与监控缺乏主要体现在:随着人类活动对天然水循环过程干扰的日益加剧,天然状态下的流域水循环模式发生了根本性改变,由"取水—输水—供水—用水—排水—回归"等环节构成的人工侧支循环通量越来越大,人工侧支循环在辽宁省水循环中已逐步上升为主要矛盾。一方面,目前主要依靠逐级上报的方式统计用水量,往往造成基础数据不清、过分依赖统计数据和人为随意性大的问题,难以满足水资源管理工作的迫切需要,这种状况亟待改善。另一方面,用水过程中不能有效监控用水浪费、污水乱排的现象,计量与监控的缺失造成用水单位和管理部门无法落实区域节水减排责任制,同时对突发事件信息掌握不及时,应对滞后。总的来说,计量与监控手段缺失使沈阳市难以对水资源这种基础性的自然资源和战略性的经济资源实施精确严格的统一管理。

7.3.1.3 已建系统缺乏整合

首先体现在水资源信息共享程度低。目前,水资源数据大多储存在基层水利单位,系列不完整、格式不统一,开发利用不充分,信息存储交换共享困难,整合难度大,没有形成可以共享的公共资源,难以提供各级政府和社会对水资源数据的共享。其次是技术标准和开发平台不统一,难以实现互联互通,也难以进行滚动开发,抬高了系统开发成本,整体效果难以体现,影响了水利信息化建设的发展。

7.3.2 系统总设计

水资源管理系统由4个层次组成:数据库、应用支撑层、系统应用层、人机交互层。系统应用层通过人机交互接口与系统使用者交互,在数据库、应用支撑层和系统应用层的众多功能的支持下,完成水资源管理的各项业务功能。水资源管理系统结构如图7-16所示。

7.3.2.1 数据库

数据库包括在线监测数据库、基础数据库和决策分析支持库。系统应用层所需的信息将通过应用支撑平台的统一数据访问接口由基础数据库和决策分析支持库提供。

7.3.2.2 应用支撑层

应用支撑层提供必要的中间件。

7.3.2.3 系统应用层

系统应用层是系统的核心,提供水资源管理过程中所需的各种业务分析、信息接收处理、数据管理等功能。按照水资源管理的功能需求,系统应用层分为多个功能子系统:水源地管理、地下水超采区管理、供水工程管理、水资源论证管理、取水许可管理、水资源费征收及使用管理、计划用水与节约用水管理、水功能区管理、入河排污口管理、水生态系统保护与修复管理、水资源规划管理、水量调度配置、水资源应急管理以及水资源信息统计与发布服务。

7.3.2.4 人机交互层

通过内网门户系统进行使用者与应用软件之间的人机交互。具体功能包括控制应用软件运行、运行控制参数的输入和运行结果的表达等。

7.3.3 水源地管理

7.3.3.1 功能需求

根据《中华人民共和国水污染防治法》、《国务院办公厅关于加强饮用水安全保障工

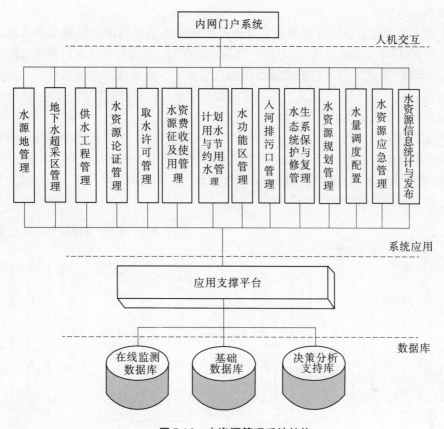

图 7-16　水资源管理系统结构

作的通知》等文件精神,结合沈阳市实际,对生活饮用水源坚持科学规划、合理利用、严格保护的原则,使经济建设与生态环境保护协调发展。

　　水源地管理是针对集中供水水源地(含水库、湖泊、江河和地下水水源地等,包括应急备用水源地)的管理,包括:集中供水水源地建立,掌握集中供水水源地基本信息,开展水源地日常来水监测管理,制订水源地保护与规划方案,编制水源地应急处理预案,开展水源地应急处理等。

　　水源地管理系统功能结构如图 7-17 所示。

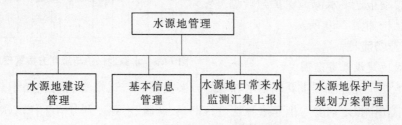

图 7-17　水源地管理系统功能结构

1. 水源地建设管理

　　水源地建设管理主要是对集中水源地的取水申请、审核、批准、工程验收、发放取水许可证、备案等管理流程进行管理。

2. 基本信息管理

集中供水水源地基本信息管理主要是通过系统实现集中供水水源地基本信息的录入、修改、删减、保存等编辑功能，并辅助本级报表的生成，完成对下级水行政主管部门报送报表的自动汇总、向上级水行政主管部门的自动报送。水源地基本信息管理功能结构如图7-18所示。

3. 水源地日常来水监测汇集上报

水源地日常来水监测汇集上报主要是各级水行政主管部门在实时监测数据提取和人工信息录入的基础上，通过系统实现对所辖各水源地实时或人工定期监测的水量、水质信息汇总，辅助本级报表的生成，并完成向上级水行政主管部门的自动报送。水源地日常来水监测汇集上报功能结构如图7-19所示。

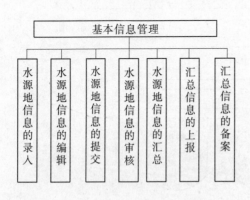

图7-18 水源地基本信息管理功能结构

图7-19 水源地日常来水监测汇集上报功能结构

4. 水源地保护与规划方案管理

水源地保护与规划方案管理主要是通过系统完成已有规划方案的录入和新方案从提交到批准一系列流程的管理，并自动实现本级方案报表的生成，完成对下级水行政主管部门报送报表的自动汇总、向上级水行政主管部门的自动报送。水源地保护与规划方案管理功能结构如图7-20所示。

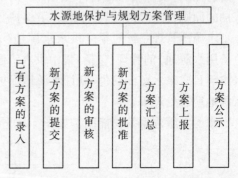

图7-20 水源地保护与规划方案管理功能结构

7.3.3.2 业务流程

1. 水源地建设业务流程

水源地建设业务流程主要包括水源地的方案上报、审核、批准、发证、公示、备案6个环节。其中在申报之前要对拟建水源地进行勘察、调研、水源地划分等工作。水源地建设业务流程如图7-21所示。

2. 基本信息汇集上报业务流程

基本信息汇集上报业务流程主要包括信息录入、信息编辑、信息提交、信息审核、信息汇总、汇总信息上报、汇总信息备案7个环节。基本信息汇集上报业务流程如图7-22所示。

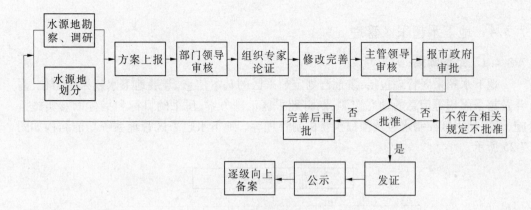

图 7-21　水源地建设业务流程

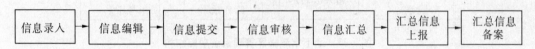

图 7-22　基本信息汇集上报业务流程

3.日常来水监测汇集上报业务流程

日常来水监测汇集上报业务流程主要包括来水信息提交、汇总、上报及备案 4 个环节。日常来水监测汇集上报业务流程如图 7-23 所示。

图 7-23　日常来水监测汇集上报业务流程

4.水源地保护与规划方案管理业务流程

水源地保护与规划方案管理业务主要是通过对水源地的水量、水质进行动态监测和分析评价,制订水源地保护方案,并展示已有的水源地保护与规划方案,为查询提供方便。水源地保护与规划方案管理业务流程如图 7-24 所示。

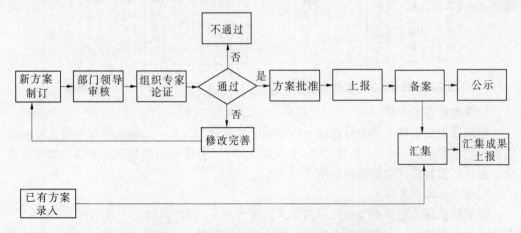

图 7-24　水源地保护与规划方案管理业务流程

7.3.4 地下水超采区管理

7.3.4.1 功能需求

地下水超采区管理包括:掌握已划定超采区的基本信息,开展地下水超采区水位、漏斗及超采面积等信息的动态监测,制订超采区治理方案、压采的目标和指标以及实施措施,开展超采区控制水位及预报预警机制管理等。地下水超采区管理系统功能结构如图7-25所示。

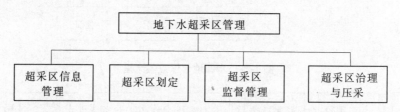

图7-25　地下水超采区管理系统功能结构

1. 超采区信息管理

超采区信息管理主要是通过系统实现超采区信息的录入和编辑,并辅助本级报表的生成,完成对下级水行政主管部门报送报表的自动汇总、向上级水行政主管部门的自动报送。超采区信息管理功能结构如图7-26所示。

2. 超采区划定

超采区划定主要是通过对超采区的调研、上报、划定、审核、审批、备案、公示等管理流程进行管理。超采区划定功能结构如图7-27所示。

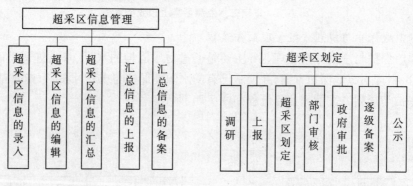

图7-26　超采区信息管理功能结构　　　**图7-27　超采区划定功能结构**

3. 超采区监督管理

超采区监督管理主要是开展地下水超采区水位、水质、漏斗及超采面积等信息的动态监测。成果展示以GIS图、表格为主,在空间上、时间上展示超采区超采面积、水位的变化。超采区监督管理功能结构如图7-28所示。

4. 超采区治理与压采

超采区治理与压采主要是提出超采区治理与压采方案,并向上上报治理、压采方案,向下下达压采指标。方案提出必须建立在模型计算基础上。超采区治理与采压功能结构如图7-29所示。

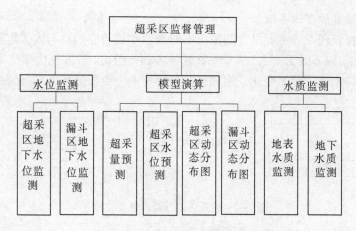

图 7-28 超采区监督管理功能结构

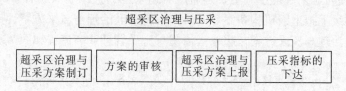

图 7-29 超采区治理与采压功能结构

7.3.4.2 业务流程

1. 超采区基本信息管理业务流程

超采区基本信息管理业务主要包括超采区基本信息的录入、审核、汇总、上报和备案5 个环节。超采区基本信息管理业务流程如图 7-30 所示。

图 7-30 超采区基本信息管理业务流程

2. 超采区划定业务流程

超采区划定业务主要是划定超采区域,并申请各级相关部门审核、批准,待批准、公示后,逐级上报上级机构备案。超采区划定业务流程如图 7-31 所示。

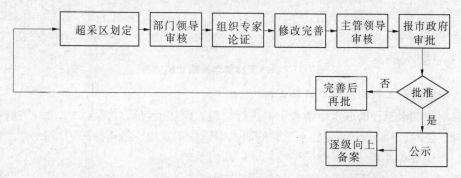

图 7-31 超采区划定业务流程

3. 超采区监督管理业务流程

超采区监督管理业务主要是在超采区实时水位水质监测辅助与人工定期监测的水量水质信息基础上,以 GIS 为平台,基于水资源分区和行政分区,方便快捷地反映全市地下水超采区水位与水质的动态变化。超采区监督管理业务流程如图 7-32 所示。

图 7-32　超采区监督管理业务流程

4. 超采区治理与压采管理业务流程

超采区治理与压采管理业务主要是通过对超采区的监测和分析评价,组织区域内超采区划定,并逐级上报上级机构备案。同时上报超采区治理与压采方案,待下达压采指标后,实施超采区治理与压采方案。超采区治理与压采管理业务流程如图 7-33 所示。

图 7-33　超采区治理与压采管理业务流程

7.3.5　供水工程管理

7.3.5.1　功能需求

供水工程管理是对蓄水工程、引水工程、提水工程、调水工程和地下水取水工程等的管理,供水工程管理包括:掌握新建供水工程的取水申请和审批,已建供水工程信息管理,供水量、供水水质监督管理,供水工程开发利用综合评价等。供水工程管理系统功能结构如图 7-34 所示。

图 7-34　供水工程管理系统功能结构

1. 新建供水工程的取水申请和审批

对新建供水工程的取水申请和审批进行管理。该功能包括对新建供水工程的取水申请、审批、公示、备案等。新建供水工程的取水申请和审批功能结构如图 7-35 所示。

2. 已建供水工程信息管理

已建供水工程信息管理主要是通过系统实现已建供水工程信息的录入、修改、删减、保存等编辑功能,辅助本级报表的生成,完成对下级水行政主管部门报送报表的自动汇总、向上级水行政主管部门的自动报送。已建供水工程信息管理功能结构如图7-36所示。

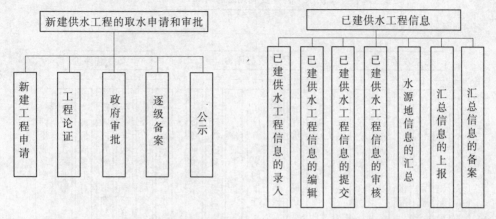

图7-35　新建供水工程的取水申请和审批功能结构　　图7-36　已建供水工程信息管理功能结构

3. 供水量、供水水质监督管理

供水量、供水水质监督管理主要对取水工程取水口处的水量水质进行实时监测,为水量调度、水费结算、引水安全提供保障。供水量、供水水质监督管理功能结构如图7-37所示。

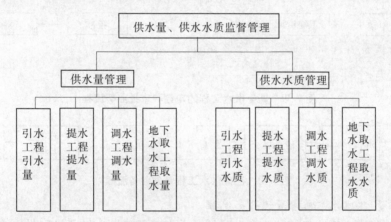

图7-37　供水量、供水水质监督管理功能结构

4. 供水工程开发利用综合评价

对供水工程建成后产生的效益进行综合评价,包括对社会效益、经济效益、生态效益的评价。此模块的功能包括评价成果的录入、评审、上报、备案等。供水工程开发利用综合评价功能结构如图7-38所示。

7.3.5.2　业务流程

1. 新建供水工程的申请和审批业务流程

新建供水工程的申请和审批业务流程主要包括新建供水工程申请、论证、批准和备案4个环节。新建供水工程的申请和审批业务流程如图7-39所示。

2. 已建供水工程管理业务流程

已建供水工程管理业务流程主要包括已建供水工程管理信息的录入、编辑、提交、审核、汇总、上报和备案7个环节。已建供水工程管理业务流程如图7-40所示。

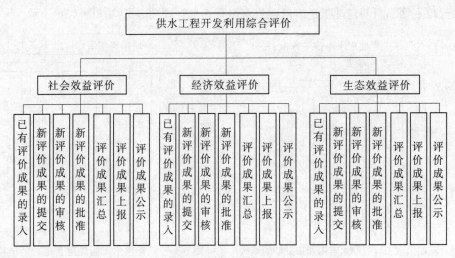

图 7-38　供水工程开发利用综合评价功能结构

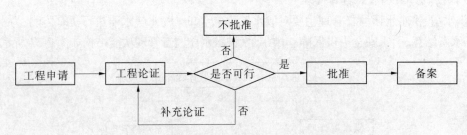

图 7-39　新建供水工程的申请和审批业务流程

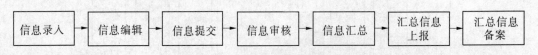

图 7-40　已建供水工程管理业务流程

3.供水量、供水水质监督管理业务流程

供水量、供水水质监督管理业务主要是对供水工程建设中供水量和供水水质实施监督与管理,并借助 GIS 平台,全面反映供水工程中供水量和供水水质的动态变化。供水量、供水水质监督管理业务流程如图 7-41 所示。

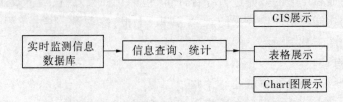

图 7-41　供水量、供水水质监督管理业务流程

4.供水工程开发利用综合评价业务流程

供水工程开发利用综合评价业务主要是针对供水工程进行综合评价,完成评价报告,经专家评审后定稿并备案。供水工程开发利用综合评价业务流程如图 7-42 所示。

图 7-42 供水工程开发利用综合评价业务流程

7.3.6 水资源论证管理

7.3.6.1 功能需求

新建、改建、扩建的取水建设项目,年取水量在一定数量以上的,申请人应当按照水利部和国家发展改革委发布的《建设项目水资源论证管理办法》,委托有相应建设项目水资源论证资质的单位进行论证,编制建设项目水资源论证报告书,并申请水行政主管部门组织专家审查,审查合格后,方可建设取水工程,工程验收合格后,予以办理取水许可证。

水资源论证管理包括:水资源论证资质管理,论证报告书评审专家管理,论证报告书审查与批复管理。水资源论证管理系统功能结构如图 7-43 所示。

图 7-43 水资源论证管理系统功能结构

1. 水资源论证资质管理

水资源论证资质管理主要包括现有水资源论证资质年检、变更、撤销等情况的查询。水资源论证资质管理功能结构如图 7-44 所示。

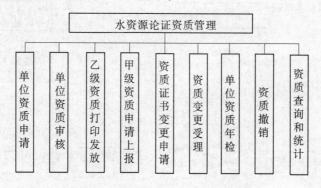

图 7-44 水资源论证资质管理功能结构

2. 论证报告书评审专家管理

建立水资源论证报告书评审专家库,对评审专家申请、审核、续聘、解聘等进行信息化管理。论证报告书评审专家管理功能结构如图 7-45 所示。

3. 论证报告书审查管理

论证报告书审查管理主要是对论证报告书的审查申请、审查、评审等进行计算机自动管理。同时,对已审查报告书进行备案和上报。论证报告书审查管理功能结构如图7-46所示。

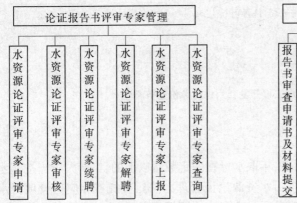

图7-45　论证报告书评审专家管理功能结构

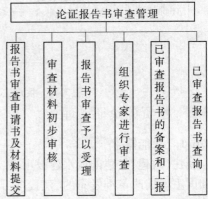

图7-46　论证报告书审查管理功能结构

7.3.6.2　业务流程

1.水资源论证资质管理业务流程

水资源论证资质管理业务流程包括水资源论证资质申请流程、变更流程及年检流程。水资源论证资质管理业务流程如图7-47所示。

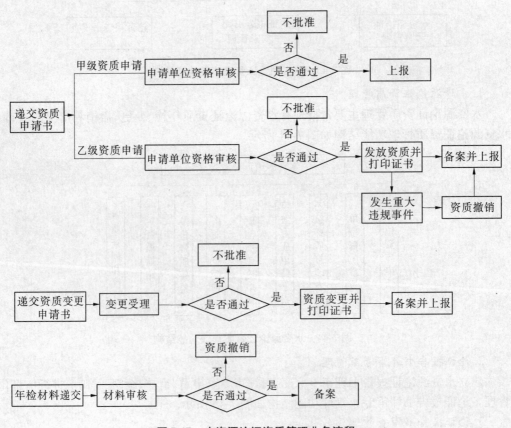

图7-47　水资源论证资质管理业务流程

2.论证报告书评审专家管理业务流程

论证报告书评审专家管理业务流程主要负责审核评审专家申请书,经过对申请人的资格审查,决定是否批准聘用或续聘。论证报告书评审专家管理业务流程如图7-48所示。

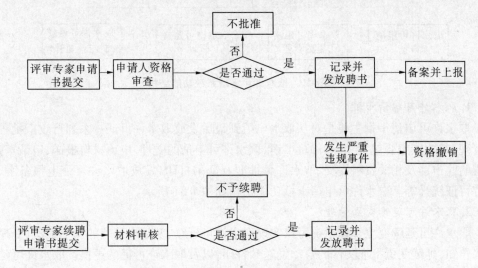

图7-48 论证报告书评审专家管理业务流程

3.论证报告书审查管理业务流程

论证报告书审查管理业务流程主要包括论证报告书的审查申请、资料的初步审查、专家评审等一系列环节。论证报告书审查管理业务流程如图7-49所示。

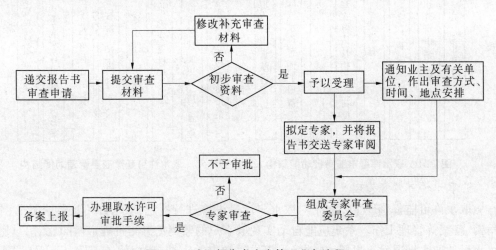

图7-49 论证报告书审查管理业务流程

7.3.7 取水许可管理

7.3.7.1 功能需求

取水许可管理,实现水资源行政审批项目中取水许可证审批的办公自动化。取水许可管理包括:取水许可申请审批、延续变更管理,取水许可监督管理、取水许可总量控制与计划管理等。取水许可管理系统功能结构如图 7-50 所示。

图 7-50　取水许可管理系统功能结构

1. 取水许可申请审批

取水许可申请审批主要是对从取水申请到最后发放取水许可证一系列行政审批程序的管理,其功能主要包括:取水许可申请、取水许可申请的受理、申请材料报送、申请审查、工程验收申请及相关资料提交、取水许可批准及证书打印、发放取水许可证上报备案、取水许可证统计等。取水许可申请审批功能结构如图 7-51 所示。

2. 取水许可延续变更管理

取水许可延续变更管理系统可以实现取水许可延续、变更申请表的网上报送,受理结果的告知,延续变更批准文件的自动发送和打印,以及取水许可证的更换。取水许可延续变更管理功能结构如图 7-52 所示。

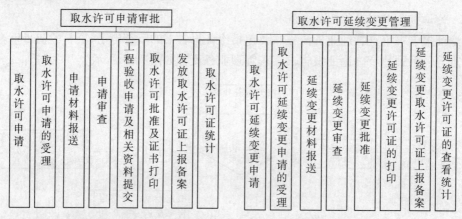

图 7-51　取水许可申请审批功能结构　　图 7-52　取水许可延续变更管理功能结构

3. 取水许可监督管理

取水许可监督管理主要包括对取水户计量设施进行检定,取水许可证的失效、注销、吊销、备案等管理工作。系统应能自动实现取水户的监测信息与批准水量的比对,对超许可水量的取水情况发出报警,自动发出警告通知书并限期整改,如若不改,发出处罚通知书,并进行处罚备案。取水许可监督管理功能结构如图 7-53 所示。

4. 取水许可总量控制与计划管理

取水许可总量控制与计划管理包括取水许可总量控制和取水计划管理两方面。取水许可总量控制主要是对取水户年度取水情况进行总结和审查,取水计划管理主要是下达取水户下年度取水计划。通过系统实现取水户本年度取水总结及下年度取水计划网上报送,下级水行政主管部门取水计划建议及年度分配方案、年度取水计划向上级水行政主管部门网上报送,上级水量分配方案、年度取水计划的下达等。取水许可总量控制与计划管理功能结构如图7-54所示。

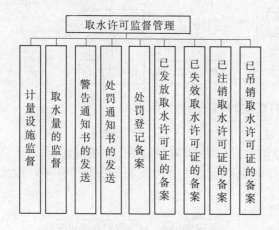

图7-53 取水许可监督管理功能结构

图7-54 取水许可总量控制与计划管理功能结构

7.3.7.2 业务流程

1. 取水许可申请审批业务流程

取水许可申请审批业务流程主要包括对提出取水申请的工程进行资格审查、现场勘察及工程验收。取水许可申请审批业务流程如图7-55所示。

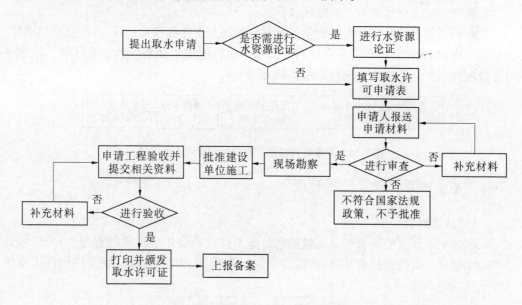

图7-55 取水许可申请审批业务流程

2. 取水许可延续变更管理业务流程

取水许可延续变更管理业务流程包括提出申请、材料审查、审批许可和上报备案等环节。取水许可延续变更管理业务流程如图7-56所示。

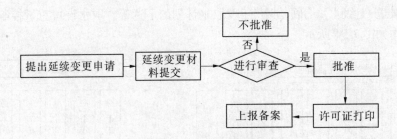

图 7-56　取水许可延续变更管理业务流程

3. 取水许可监督管理业务流程

取水许可监督管理业务流程主要包括取水量监测、针对超出批准水量发出警报、下发警报通知书并限期整改、针对不整改情况下达处罚通知书并将其登记备案等环节。取水许可监督管理业务流程如图 7-57 所示。

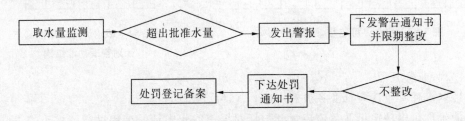

图 7-57　取水许可监督管理业务流程

4. 取水许可总量控制与计划管理业务流程

取水许可总量控制与计划管理业务流程包括提交本年度取水总结、本年度取水审核、报送下年度取水计划、下年度取水计划分析和水量分配用水计划下达 5 个环节。取水许可总量控制与计划管理业务流程如图 7-58 所示。

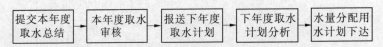

图 7-58　取水许可总量控制与计划管理业务流程

7.3.8　水资源费征收及使用管理

7.3.8.1　功能需求

水资源费征收及使用管理是为规范水资源费征收及使用中日常的管理工作设计的。主要功能包括水资源费征收管理、水资源费使用管理等。水资源费征收及使用管理系统功能结构如图 7-59 所示。

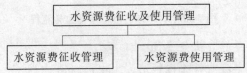

图 7-59　水资源费征收及使用管理系统功能结构

1. 水资源费征收管理

建立网上水资源费征收管理系统,充分利用网络的便利条件,实现水资源费征收智能化、信息化。主要功能包括取水量核算、水资源费核算、取水户缴纳水资源费、水资源费上缴等内容。水资源费征收管理功能结构如图7-60所示。

2. 水资源费使用管理

水资源费使用管理主要是按照水资源费分配比例,上缴水资源费,并登记水资源费使用情况和对每年水资源费使用情况进行年度总结。水资源费使用管理功能结构如图7-61所示。

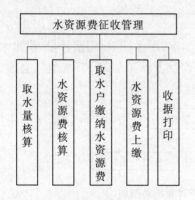

图7-60　水资源费征收管理功能结构

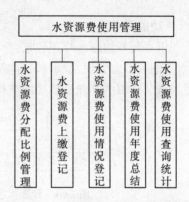

图7-61　水资源费使用管理功能结构

7.3.8.2　业务流程

1. 水资源费征收管理业务流程

水资源费征收管理业务主要是根据取水量核算水资源费,再发送水资源费缴费通知书,对水资源费征收进行综合管理。水资源费征收管理业务流程如图7-62所示。

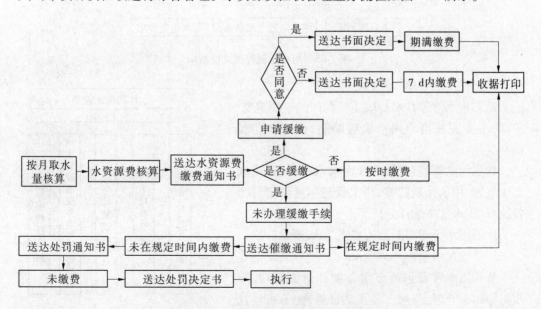

图7-62　水资源费征收管理业务流程

2.水资源费使用管理业务流程

水资源费使用管理业务主要包括水资源费分配、上缴、使用登记和年度总结 4 个环节。水资源费使用管理业务流程如图 7-63 所示。

图 7-63 水资源费使用管理业务流程

7.3.9 计划用水与节约用水管理

7.3.9.1 功能需求

计划用水与节约用水管理包括:行业用水定额制定,用水计划、用水计量、供水水价管理,节水方案和措施管理,节水指标体系管理,节水产品及认证管理,节水型社会建设等。计划用水与节约用水管理系统功能结构如图 7-64 所示。

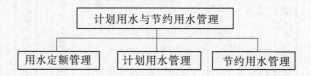

图 7-64 计划用水与节约用水管理系统功能结构

1.用水定额管理

用水定额管理主要是根据本地实际水资源情况,制定当地用水定额标准,并报水利部、所在流域机构备案。用水定额管理功能结构如图 7-65 所示。

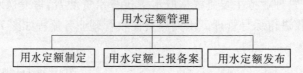

图 7-65 用水定额管理功能结构

2.计划用水管理

计划用水管理是水行政主管部门的一项重要工作,主要完成当地用水定额编制、调配和监督执行。

计划用水管理包括:现状用水水平分析、用水定额编制、用水计划调整、用水管理制度制定与监督执行、用水效率统计分析等。

计划用水管理功能结构如图 7-66 所示。

3.节约用水管理

节约用水管理包括节水方案和措施管理、节水指标体系管理、节水产品及认证管理、节水型社会建设、节水潜力分析、节水项目管理、节水技术

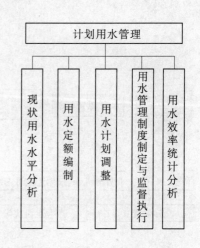

图 7-66 计划用水管理功能结构

和设备器具推广、节水考核管理、节水监督管理、节水评价管理、节水知识普及与宣传交流、节约用水奖励等。节约用水管理功能结构如图7-67所示。

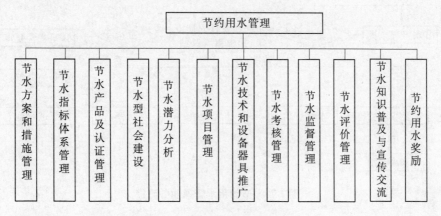

图7-67　节约用水管理功能结构

7.3.9.2　业务流程

1. 用水定额制定业务流程

用水定额制定业务流程主要包括用水定额制定、组织专家评审、审查、批准和上报备案等环节。用水定额制定业务流程如图7-68所示。

图7-68　用水定额制定业务流程

2. 计划用水管理流程

计划用水管理业务流程主要包括用水管理制度制定、用水定额编制、用水定额下达用水户、用水计划审核、用水水平分析及用水效率分析等环节。计划用水管理业务流程如图7-69所示。

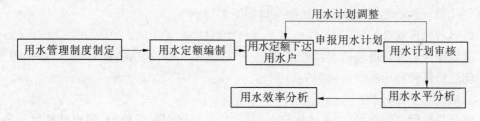

图7-69　计划用水管理业务流程

3. 节约用水管理业务流程

节约用水管理业务流程主要包括节水工程申报、工程审核、各级领导审定、项目评估、工程验收、节水评价等一系列环节。节约用水管理业务流程如图7-70所示。

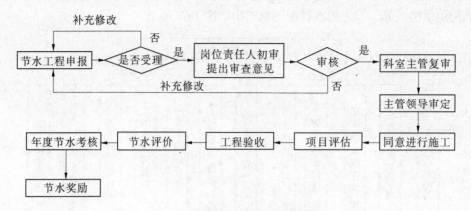

图 7-70　节约用水管理业务流程

7.3.10　水功能区管理

7.3.10.1　功能需求

水功能区管理包括:掌握已划定水功能区(包括地下水功能区)基本信息,实施水功能区监督管理,制定水体纳污总量控制方案,开展水功能区实时监测动态管理。水功能区管理系统功能结构如图 7-71 所示。

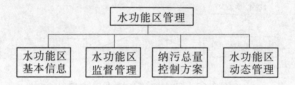

图 7-71　水功能区管理系统功能结构

1. 水功能区基本信息

水功能区基本信息主要是按照水功能区划分标准,采用 GIS 技术对各级各类水功能区分布、名称、范围、现状水质、功能、保护目标、人口、取水量等基本信息进行动态查询和管理,可实现分类信息图形显示和浏览、统计查询和统计定位、数据维护、图表输出、数据上报等功能。水功能区基本信息功能结构如图 7-72 所示。

2. 水功能区监督管理

水功能区监督管理包括水功能区划定、水功能区审核、水功能区备案、数据上报等。水功能区监督管理功能结构如图 7-73 所示。

3. 纳污总量控制方案

综合各排污口排污量、功能区外来水等信息,通过运用水质模型,提出功能区污染物纳污总量控制方案。纳污容量控制方案功能结构如图 7-74 所示。

4. 水功能区动态管理

水功能区动态管理主要是开展水功能区水量、水位、水质动态监测,严格执行污染物纳污总量控制。水功能区动态管理功能结构如图 7-75 所示。

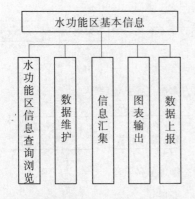
图 7-72　水功能区基本信息功能结构

图 7-73　水功能区监督管理功能结构

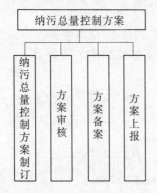
图 7-74　纳污总量控制方案功能结构

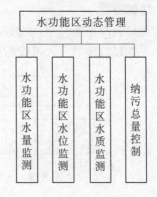
图 7-75　水功能区动态管理功能结构

7.3.10.2　业务流程

1. 水功能区监督管理业务流程

水功能区监督管理业务流程主要包括水功能区划定、专家审核、批准、备案及监测等环节。水功能区监督管理业务流程如图 7-76 所示。

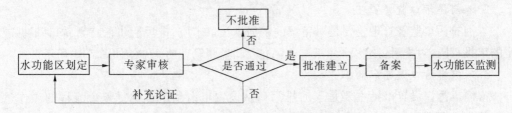

图 7-76　水功能区监督管理业务流程

2. 纳污总量控制方案制订业务流程

纳污总量控制方案制订业务流程主要包括水功能区信息监测、模型演算、方案生成、方案审核、方案确定和方案备案等环节。纳污总量控制方案制订业务流程如图 7-77 所示。

3. 水功能区动态管理业务流程

水功能区动态管理业务流程主要是针对实时水量、水位、水质情况,计算水功能区纳污能力,并执行纳污总量控制。水功能区动态管理业务流程如图 7-78 所示。

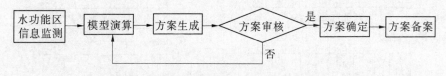

图 7-77　纳污总量控制方案制订业务流程

图 7-78　水功能区动态管理业务流程

7.3.11　入河排污口管理

7.3.11.1　功能需求

入河排污口管理功能包括:掌握入河排污口基本信息,开展入河排污口设置审批及入河排污口动态监督管理等。入河排污口管理系统功能结构如图 7-79 所示。

图 7-79　入河排污口管理系统功能结构

1.入河排污口信息管理

入河排污口信息管理主要是通过系统实现入河排污口基本信息的录入、修改、删减、保存等编辑功能,并辅助本级报表的生成,完成对下级水行政主管部门报送报表的自动汇总、向上级水行政主管部门的自动报送。汇总内容包括沈阳市入河排污口个数、排污量、污染物含量、设置单位等信息。入河排污口信息管理功能结构如图 7-80 所示。

2.入河排污口监督管理

入河排污口监督管理主要是对备案的入河排污口水质、排污量动态监测,同时根据规定的审批权限,对排污口组织年审等。入河排污口监督管理功能结构如图 7-81 所示。

3.入河排污口设置审批

入河排污口设置审批主要是入河排污口从设置申请到审查批复整个流程的操作过程。首先排污单位根据本单位基本情况提交排污口设置申请及相关资料,待相关部门登记受理后,进行排污口设置审批并发布入河排污口设置信息。入河排污口设置审批功能结构如图 7-82 所示。

7.3.11.2　业务流程

1.入河排污口信息管理业务流程

入河排污口信息管理业务流程主要包括信息录入、编辑、提交、审核、汇总、上报和备案等环节。入河排污口信息管理业务流程如图 7-83 所示。

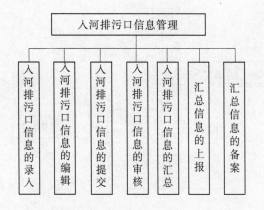

图 7-80　入河排污口信息管理功能结构

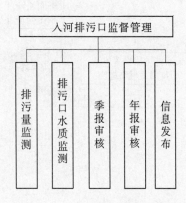

图 7-81　入河排污口监督管理功能结构

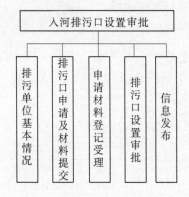

图 7-82　入河排污口设置审批功能结构

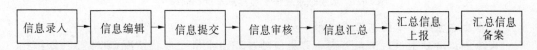

图 7-83　入河排污口信息管理业务流程

2. 入河排污口监督管理业务流程

入河排污口监督管理业务流程主要包括排污量和水质监测、季报和年报审核、信息公布等环节。入河排污口监督管理业务流程如图 7-84 所示。

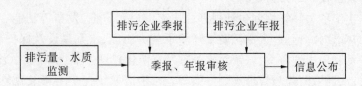

图 7-84　入河排污口监督管理业务流程

3. 入河排污口设置审批业务流程

入河排污口设置审批业务流程主要包括入河排污口设置申请书及相关资料提交、管理部门审查、提出许可决定意见并制定许可决定文书、公示许可决定等环节。入河排污口设置审批业务流程如图 7-85 所示。

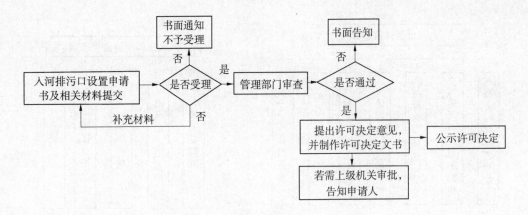

图 7-85 入河排污口设置审批业务流程

7.3.12 水生态系统保护与修复管理

7.3.12.1 功能需求

水生态系统保护与修复管理包括:掌握水生态系统基本信息、编制水生态保护与修复规划、水生态系统保护与修复工程信息,开展水生态系统保护与修复试点管理。水生态系统保护与修复系统功能结构如图 7-86 所示。

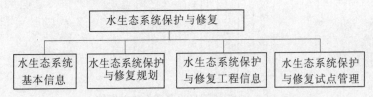

图 7-86 水生态系统保护与修复系统功能结构

1. 水生态系统基本信息汇总上报

水生态系统基本信息汇总上报主要是反映沈阳市水生态现状情况,其主要功能结构包括水生态系统基本信息录入、审核、汇总、报表打印及上报等。汇报的信息主要包括自然环境信息、水环境信息、水资源信息、水环境保护现状、河流开发现状、河流污染现状、河道工程状况、城市污水治理状况等信息。水生态系统基本信息汇总上报功能结构如图 7-87 所示。

2. 水生态系统保护与修复规划

水生态系统保护与修复规划包括规划的提交、审核、审批、发布等功能。规划内容包括污染负荷和环境影响预测、水资源及水环境承载力研究、水系建设及保护规划方案、水资源保护及开发利用规划方案、城镇污水处理及资源化规划方案、水环境生态修复与景观建设规划方案、水环境监控与管理规划方案等。水生态系统保护与修复规划功能结构如图 7-88 所示。

污染负荷和环境影响预测:主要是预测沈阳市在一定社会经济发展水平的条件下,化学耗氧量、氨氮的排放总量及其对环境产生的影响。预测方法以模型预测为主。

水资源及水环境承载力研究:主要是通过运用水资源承载力模型和水环境承载力模型分别计算沈阳市现状、规划水平年的水资源需求量和水环境承载能力。

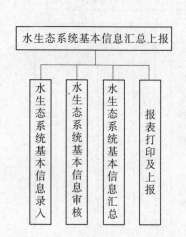

图7-87　水生态系统基本信息
汇总上报功能结构

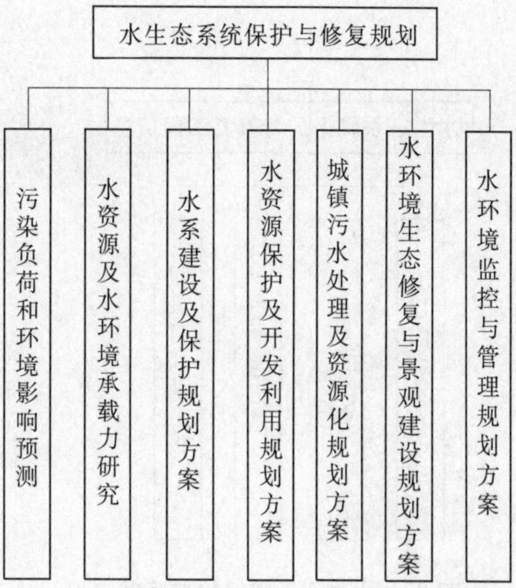

图7-88　水生态系统保护与修复规划功能结构

水系建设及保护规划:就是针对水体和水系空间的利用和保护,规范利用和保护城市水系的行为,保证城市水系综合功能持续高效的发挥,促进城市的健康发展。

水资源保护及开发利用规划:主要是在水资源供需平衡的基础上,提出近期、中远期的水资源开发利用措施和保护对策。

城镇污水处理及资源化规划:在分析城镇污水处理现状的基础上,提出城镇污水处理厂建设规划和城市污水回用规划。

水环境生态修复与景观建设规划:在沈阳市水环境现状分析及生态系统评价的基础上,展示水环境生态修复与景观建设规划成果。

水环境监控与管理规划:根据沈阳市水环境监测与管理现状分析,提出水环境监控规划和水环境管理措施。

3. 水生态系统保护与修复工程信息

水生态系统保护与修复工程信息主要包括自然保护区、森林公园、风景名胜区、国家生态示范区、防风固沙生态功能保护区等地区的水生态系统现状和规划的水生态保护与修复工程信息。水生态系统保护与修复工程信息系统功能包括工程信息录入、审核、汇总、报表打印及上报。水生态系统保护与修复工程信息功能结构如图7-89所示。

4. 水生态系统保护与修复试点管理

水生态系统保护与修复试点管理主要是申请、审核、批准、展示水生态系统保护与修复试点工程。对工程建成后产生的效益进行综合评价,包括社会效益、经济效益、生态效益。水生态系统保护与修复试点管理功能结构如图7-90所示。

7.3.12.2　业务流程

1. 水生态系统保护与修复规划业务流程

水生态系统保护与修复规划业务流程主要包括水生态系统保护与修复规划制定、管理部门审查、组织专家评审、报政府批准、备案及公布等环节。水生态系统保护与修复规划业务流程如图7-91所示。

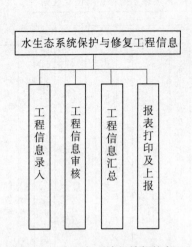

图 7-89 水生态系统保护与修复
工程信息功能结构

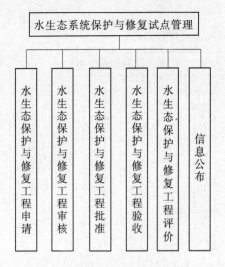

图 7-90 水生态系统保护与修复试点
管理功能结构

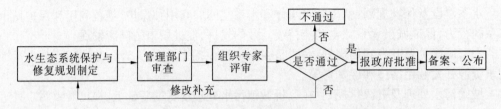

图 7-91 水生态系统保护与修复规划业务流程

2. 水生态系统保护与修复试点工程管理业务流程

水生态系统保护与修复试点工程管理业务流程主要包括水生态系统保护与修复试点工程申请、管理部门审查、组织专家评审、工程批准建设、工程验收、工程效率评价及信息公布等环节。水生态系统保护与修复试点工程管理业务流程如图 7-92 所示。

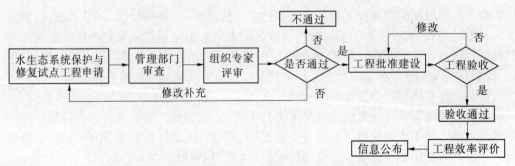

图 7-92 水生态系统保护与修复试点工程管理业务流程

7.3.13 水资源规划管理

7.3.13.1 功能需求

水资源规划管理包括对综合规划、区域规划、城市规划、水中长期供求计划、水资源开发利用和保护规划、节水规划等专项规划的规划过程、审批过程及规划成果的管理。水资源规划管理系统功能结构如图 7-93 所示。

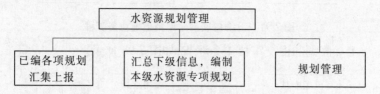

图 7-93　水资源规划管理系统功能结构

1. 已编各项规划汇集上报

对沈阳市已编各项规划进行整编、汇集,进行规划审核,向上级管理机构上报规划成果。已编各项规划汇集上报功能结构如图 7-94 所示。

2. 汇总下级信息,编制本级水资源专项规划

收集下级水资源专项规划,进行规划审核,提取所需信息,编制本级水资源专项规划。汇总下级信息,编制本级水资源专项规划功能结构如图 7-95 所示。

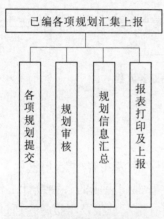

**图 7-94　已编各项规划汇集
上报功能结构**

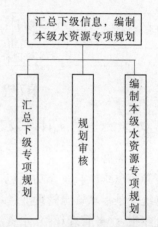

**图 7-95　汇总下级信息,编制本级
水资源专项规划功能结构**

3. 水资源规划管理

水资源规划管理主要是对水资源专项规划进行审核、审查、批准、公示、备案等管理。水资源规划管理功能结构如图 7-96 所示。

7.3.13.2　业务流程

1. 已编各项规划汇集上报业务流程

已编各项规划汇集上报业务流程主要包括已编规划提交、信息汇总、汇总信息上报及备案 4 个环节,如图 7-97 所示。

2. 汇总下级信息,编制本级水资源专项规划业务流程

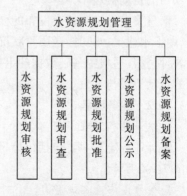

图 7-96　水资源规划管理功能结构

汇总下级信息,编制本级水资源专项规划业务流程主要包括已编规划专项提交、信息

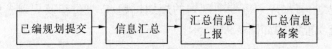

图7-97　已编各项规划汇集上报业务流程

汇总、编制本级专项规划和提交审核4个环节,如图7-98所示。

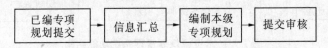

图7-98　汇总下级信息,编制本级水资源专项规划业务流程

3. 水资源规划管理业务流程

水资源规划管理业务流程主要包括水资源规划制定、管理部门审查、组织专家评审、报政府批准、备案和公布等环节,如图7-99所示。

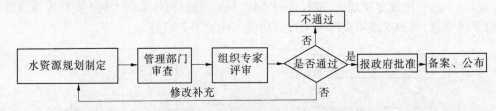

图7-99　水资源规划管理业务流程

7.3.14　水资源信息统计与发布

7.3.14.1　功能需求

水资源信息统计与发布功能包括信息统计管理、信息发布管理等功能。

信息统计是指水资源管理业务中各级水行政主管部门完成的各种统计工作,包括水资源管理年报、水务管理年报、水资源论证报告书审查情况季报及年报等。通过系统实现辅助本级报表的生成,完成对下级水行政主管部门报送报表的自动汇总、向上级水行政主管部门的自动报送。

信息发布是指向社会发布的公报、通报及水利系统内部的工作简报等,包括水资源公报、地下水通报、水功能区质量状况通报、水资源简报、水资源工作信息等。通过系统实现对各种公报、通报中基础数据的上报、汇总、整理,完成公报、通报的编辑,完成内部工作简报的自动上报与下发。

7.3.14.2　业务流程

1. 统计业务流程

统计业务流程主要包括统计报表的提交、报表的自动汇总和向上自动报送3个环节,如图7-100所示。

2. 信息发布业务流程

信息发布业务流程主要包括基础数据的上报、汇总、整理、编辑公报和通报、完成公报和通报、上报与下发等环节,如图7-101所示。

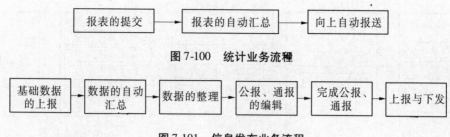

图 7-100　统计业务流程

图 7-101　信息发布业务流程

7.3.15　水量调度配置系统

7.3.15.1　功能需求

水资源管理的任务之一是编制科学的水量调度方案,优化配置水资源,缓解供需矛盾,减少河流断流,改善生态环境,使有限的水资源发挥最大的综合效益。因此,水量调度配置系统是国家水资源管理系统的重要组成部分,也是核心组成部分之一。

水量调度配置系统将利用"3S"技术和水量调度模型等手段为编制水量调度方案和监督调度方案的实施提供决策支持,为水资源管理各项工作提供信息服务、分析计算、模拟仿真等功能。水量调度配置系统包括水资源配置管理、水量调度方案编制子系统。水量调度配置过程包括水资源评价、预报、配置、调度和决策会商五个部分。系统首先对当前的水资源进行评价,包括水资源数量评价、质量评价、开发利用评价及可利用量评价等,进而对未来的需水量、可供水量进行预测,在此基础上进行水量供需平衡分析和水资源优化配置,并利用优化目标规划模型等专业技术进行科学调度,构建以支持多层次数据集为特征,以充分挖掘数据中蕴涵的知识为重点,以方法库和知识库的表现形式,模拟出各种条件下水资源合理配置方案。

水量调度方案包括年度调度方案、月度调度方案、实时调度方案、应急调度方案等,根据主要来水区径流预报、可供水量分配方案、不同时段最小下泄流量等情况,综合运用骨干水库联合调度模型、水量实时调度模型、枯水期径流演进预报模型等调度方案自动生成模型体系,编制多套水量调度预案并进行综合分析评价,供相关领导决策。

关键模型是对水资源管理过程中的特定工作环节建立数学模型,以综合计算各个因素的变化对方案产生的影响,模型的建立是进行模拟仿真、调度演算的基础。主要模型包括枯水期径流演进预报模型、骨干水库联合调度模型、实时调度模型、河口生态系统模型、地下水动态监视模型、水资源优化配置模型、水资源承载能力多目标分析模型、用水单元水量平衡模拟模型等。

水量调度配置系统功能结构如图 7-102 所示。

(1)水资源评价。

水资源评价主要是为了对水资源现状、开发利用有全面的了解,包括水资源数量评价、质量评价、开发利用评价及可利用量评价等。

(2)水情预测/预报。

水情预测/预报主要是对未来的需水量预测和可供水量预测。

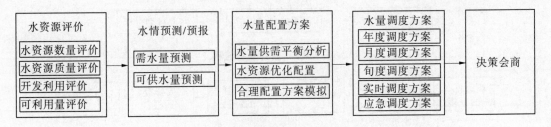

图 7-102　水量调度配置系统功能结构

（3）水量配置方案。

水量配置方案主要包括水量供需平衡分析、水资源优化配置、合理配置方案模拟，最终形成多套水量配置方案。

（4）水量调度方案。

水量调度方案的编制主要包括年度调度、月度调度、旬度调度、实时调度和应急调度方案的辅助编制。

年度调度方案编制分为方案准备、模型计算、方案成果展示三个模块。通过三个模块的协调工作制订出多套年度水量调度方案，并予以展示。月度调度方案编制分为方案准备、模型计算、方案生成、方案反馈、方案管理五个模块。通过五个模块的协调工作制订出多套月度水量调度方案，对年度方案进行反馈修改，并予以展示。旬度调度方案编制同月度调度方案编制。实时调度方案编制分为方案准备、模型计算、方案生成、方案反馈、方案管理五个模块，通过五个模块的协调工作制订出多套实时水量调度方案，并予以展示。应急调度方案编制同实时调度方案编制。水量调度方案管理功能结构如图 7-103 所示。

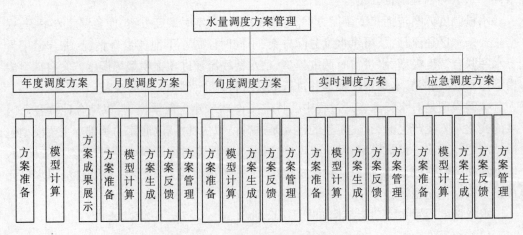

图 7-103　水量调度方案管理功能结构

（5）决策会商。

决策者通过会商，对多套水量调度方案进行分析比较，在考虑利益最大化基础上，选取最优方案，形成最终调度方案。

（6）水量调度日常业务处理。

水量调度日常业务处理包括调度报表自动生成、上报、下达等功能。系统将自动生成水量调度业务需要的日、旬、月、年报表。向上上报流域管理机构备案；向下下达调度指令，并监测调度方案执行情况。水量调度日常业务处理功能结构如图 7-104 所示。

图 7-104　水量调度日常业务处理功能结构

7.3.15.2　业务流程

水量调度业务流程如图 7-105 所示。

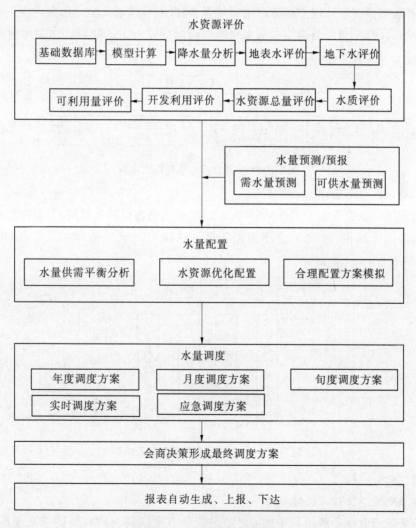

图 7-105　水量调度业务流程

7.3.16 水资源应急管理系统

7.3.16.1 功能需求

水资源应急管理系统服务于突发灾害事件时的水资源管理工作,充分综合利用水资源信息采集与传输的应急机制、数据存储的备份机制和监控中心的安全机制,针对不同类型突发事件提出相应的应急响应方案和处置措施,最大程度地保证供水安全。突发灾害事件包括重大水污染事件、重大工程事故、重大自然灾害(如雨雪冰冻、地震、海啸、台风等)以及重大人为灾害事件等。

水资源应急管理系统业务应用包括水源地应急管理、水功能区应急管理。

1. 水源地应急管理

水源地应急管理是在水源地日常来水监测管理的基础上进行的,一旦水源地遭到破坏,决策者需按照应急管理方案进行紧急处理,确保人畜饮水安全。水源地应急管理主要是应急方案管理,可通过适当的水量水质模型辅助应急方案的制订。水源地应急管理功能结构如图7-106所示。

图 7-106　水源地应急管理功能结构

2. 水功能区应急管理

水功能区应急管理主要是在功能区内水位、水质动态监测的基础上,及时发布水功能区水质超标预警预报,为决策管理提供依据。水功能区应急管理功能结构如图7-107所示。

图 7-107　水功能区应急管理功能结构

7.3.16.2 业务流程

1. 水源地应急管理业务流程

水源地应急管理业务流程中核心环节是应急方案制订、会商、最优方案选择和执行、方案上报和下发。水源地应急管理业务流程如图7-108所示。

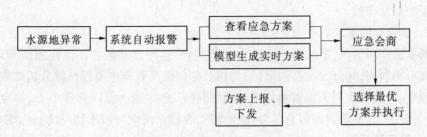

图 7-108　水源地应急管理业务流程

2. 水功能区应急管理业务流程

水功能区应急管理业务流程中核心环节是应急方案的启动、下发及备份上报。水功能区应急管理业务流程如图7-109所示。

图 7-109　水功能区应急管理业务流程

7.4　灌区信息管理系统

7.4.1　需求分析

7.4.1.1　信息内容需求

灌区信息的内容需求包括:降雨、蒸发、气温、风力、流量、水位等观测数据历史信息;卫星云图、气象预报等气象信息;土壤含水量信息;灌区渠道、水利工程分布图等工程信息;灌区中水井的位置、水量等信息;人口、面积、耕地、有效灌溉面积、旱涝保收面积、地方经济发展水平等社会经济信息。

7.4.1.2　信息发布需求

灌区信息发布系统应该能够针对系统的不同服务对象,提供不同的信息服务。其中,面向水行政主管部门发布的信息主要包括:雨水情、墒情信息在线监测的数据统计分析结果,各子系统的输出结果,调度产生的方案结果;面向取用水户发布的信息主要包括:取用水户的取用水量、水资源费征缴情况、网上办公的处理流程和审批结果,与业务相关通知等;面向社会公众用户发布的信息主要包括:灌区基本情况介绍、政务公开、便民服务、公众互动,以及根据《中华人民共和国行政许可法》规定需要公告和发布的信息等。

7.4.1.3　信息交换需求

灌区信息的交换需求主要包括:与市水利局交换的雨水情、墒情信息和管理相关文档、图像信息;与市水文局交换的雨水情和墒情信息;与市气象局交换的气象资料;同级部门中不同监测信息、历史数据、实时图像信息等信息的交换;与防汛抗旱指挥调度系统、水资源管理、水土保持、电子政务等水利信息化应用系统之间的信息交换;与政府其他职能部门之间的信息交换。

7.4.1.4　信息存储需求

根据灌区实际情况,灌区部分自建雨水情、墒情监测数据信息存储在灌区管理中心,然后上报市水利局,并分发给有关部门;与相关部门交换数据主要以统计分析结果存储在灌区管理中心;灌区水利工程监测信息、实时图像信息存储在灌区管理中心,并允许市水利局访问调用。为便于数据信息的管理和维护,存储系统应与市水利局统一标准。

7.4.1.5　信息量预测

根据初步测算,沈阳市各类灌区信息量,包括检测数据、业务数据、基础信息数据总信息量在 3 GB 左右。

7.4.2　系统总设计

灌区信息管理系统结构如图 7-110 所示。

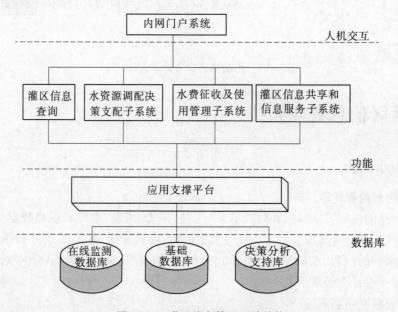

图 7-110　灌区信息管理系统结构

7.4.3　系统信息流程

灌区信息管理系统所涉及的信息流主要包括:实时水量调度基础信息流(水文信息、引水信息、地下水信息和水质信息等)和水调业务信息流(如用水计划、调度指令、来往公文等)。

7.4.3.1　实时水量调度基础信息流程

实时水量调度基础信息流程如图 7-111 所示。其中,雨量信息由水文局监测点和水利局信息中心自建监测点提供,管理所自有雨量监测信息分别传送到管理处和局信息中心,作为信息补充;墒情信息部分由水文局提供,灌区自建墒情监测点作为数据补充,为用水调度提供详细决策依据;水质信息由管理所自建监测点完成,关键点位自动监测,信息

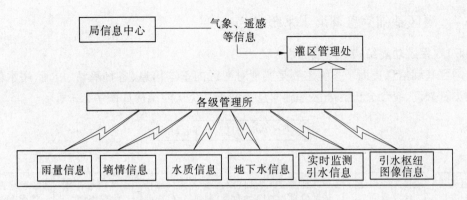

图 7-111　实时水量调度基础信息流程

数据分别传送到管理处和局信息中心;地下水信息由水文局和自建井位信息组成,自建井位数据分别传送到管理处和局信息中心;实时监测引水信息由管理所自建监测点完成,信息数据分别传送到管理处和局信息中心;引水枢纽图像信息由管理所自建监测点完成,信息数据分别传送到管理处和局信息中心。

7.4.3.2　水调业务信息流程

水调业务主要是在有关上下级水调管理部门之间进行双向传递,其业务信息包括:各用水户提出用水计划;管理处确定分水方案和调度计划;向各水闸管理所下发调度指令;各管理所按照灌区管理处制订的调度计划,负责各自辖区的用配水管理;灌区管理处监督水量分配计划的执行情况,协调各地区的水事纠纷;对调度方案的实际效果进行评价,进行水量调度总结。

灌区水调业务一般由灌区各管理所上报用水计划到灌区管理处,灌区管理处统筹考虑下达调度指令,并将部分关键数据上传水利局信息中心进行备份。灌区管理处受水利局农水处业务监督指导。水调业务信息流程如图 7-112 所示。

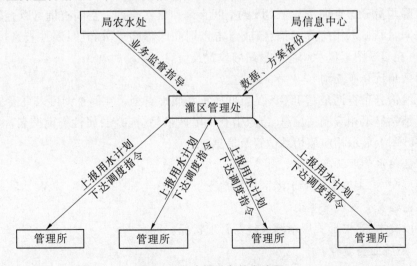

图 7-112　水调业务信息流程

7.4.4 灌区基础信息查询子系统

7.4.4.1 系统功能结构

灌区基础信息查询子系统主要是实现对灌区内基本信息、各种墒情、雨情、用水信息等的浏览查询、统计分析。灌区基础信息查询子系统功能结构如图 7-113 所示。

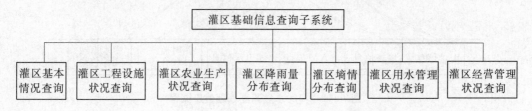

图 7-113 灌区基础信息查询子系统功能结构

1. 灌区基本情况查询

灌区基本情况查询包括灌区建设时间、灌溉面积、灌区渠系、灌区水利工程、灌区组织管理结构等信息的查询。

2. 灌区工程设施状况查询

灌区工程设施状况查询是基于 GIS 的空间查询和属性查询,包括水利工程位置、工程名称、工程大小、工程效益以及机井水位、流量等信息的查询。空间查询可以直接在 GIS 图上点击显示所需工程信息;属性查询按名称查询,同时可在 GIS 图上显示位置及信息。

3. 灌区农业生产状况查询

灌区农业生产状况查询是基于 GIS 的空间查询和属性查询,包括各分区情况、各分区名称、各分区大小、各分区农业效益等信息的查询。空间查询可以直接在 GIS 图上点击显示各分区信息;属性查询按名称查询,同时可在 GIS 图上显示位置。

4. 灌区降雨量分布查询

灌区降雨量分布查询是基于 GIS 的空间查询和属性查询。空间查询可以直接在 GIS 图上点击雨量站显示相应降水信息,或点击查询灌区降雨量分布图;属性查询按名称查询,同时可在 GIS 图上显示相应雨量站的位置及信息。

5. 灌区墒情分布查询

灌区墒情分布查询是基于 GIS 的空间查询和属性查询。空间查询可以直接在 GIS 图上点击墒情站显示相应墒情信息,或点击查询灌区墒情分布图;属性查询按名称查询,同时可在 GIS 图上显示相应墒情站位置及信息。

6. 灌区用水管理状况查询

主要以文本、表格形式展示灌区用水情况。

7. 灌区经营管理状况查询

主要以文本、表格形式展示灌区经营管理状况。

7.4.4.2 系统业务流程

灌区基础信息查询业务流程如图 7-114 所示。

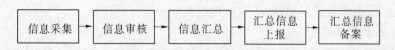

图 7-114　灌区基础信息查询业务流程

7.4.5　灌区水资源调配决策支持子系统

7.4.5.1　系统功能结构

灌区水资源调配决策支持子系统主要是实现灌区需水实时监测、辅助编制灌区用水计划、优化灌区配水方案及监控配水方案的执行。其核心内容是水资源调配模型和决策支持模型。建立符合沈阳市灌区实际的模型是系统建设的重中之重。

灌区水资源调配决策支持子系统功能结构如图 7-115 所示。

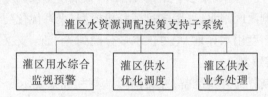

图 7-115　灌区水资源调配决策支持子系统功能结构

1. 灌区用水综合监测预警

通过地理信息系统(GIS),根据灌区实时卫星云图、雨水情信息和工程运行情况(各干渠进水闸、节制闸的上下游水位、闸门开启度、过闸流量、闸门摄像视频信息等参数),以视频、图形、表格、文字等各种方式实时标绘最新的雨量、流量、引水量等信息,当出现违规引水等情况时,系统自动以声音、闪光、特殊颜色显示等方式进行报警。

灌区用水综合监视预警主要包括以下功能:

(1)实时供水信息监视预警:在电子地图上实时显示重要水文监测站、引水口处的最新水位流量信息。当出现来水量不足、难以保证灌区用水时,自动以声音、闪光、特殊颜色显示等方式进行报警。

(2)实时水质情况预警:在电子地图上重要引水口处实时显示水质监测数据和评价结果。当水质出现异常、超标等情况时,自动以声音、闪光、特殊颜色显示等方式进行报警。

(3)实时旱情预警:在电子地图上实时显示土壤墒情监测数据和作物种植状况,当作物出现严重缺水情况时,自动以声音、闪光、特殊颜色显示等方式进行报警。

(4)实时汛情预警:在电子地图上实时显示各重要排水站的实时水位和警戒水位,并实时显示各雨量站实时降雨量信息。当出现实时水位超过警戒水位或降雨量超过报警值时,自动以声音、闪光、特殊颜色显示等方式进行报警。

(5)实时分水指令执行情况监视预警:在电子地图各闸门处实时显示分水计划、闸门开启度、闸门上下游水位、闸门实际流量信息。当分水量和闸门实际流量信息不符时,自动以声音、闪光、特殊颜色显示等方式进行报警。

（6）灌区用水综合监测预警：功能主要是服务于灌区管理处。

2. 灌区供水优化调度

灌区供水优化调度系统本着先进、实用、高效的原则，建立服务于全年用水调度、月用水调度、实时水量调度等多个时间尺度的先进、高效、实用、可靠的灌区水量调度系统。用户可以借助系统提供的接口进行参数设置，并进行方案演算，辅助方案制订，为灌区水量调度提供支持。

灌区供水优化调度主要是利用来水预报模型、灌溉需水预报、多目标分析模型、实时水量调配模拟、实时系统仿真模型、灌溉渠系水量流量实时调控模型等实现整个灌区供水的优化调度。

灌溉前，灌区管理处根据农业的作物组成、工业所需用水等因素，利用需水预测模型进行需水预测，编制年度本区域用水计划，利用来水预报模型根据气象资料和水库现有蓄水并按设计保证率预测灌区来水，采用多目标分析模型、渠系优化配水模型和用水计划优化编制模型编制灌区年度用水计划，将可供水量分配到各干渠、支渠，生成供水方案。

（1）年度调水方案编制。

年度调水方案编制分为方案准备、方案模拟计算和成果展示 3 个主要功能模块。通过 3 个模块的工作，按照方案编制流程，制订出多套年度水量调度方案。

方案准备是根据年调度方案中所需要的来水、用水和规划工程的实施情况，针对要进行调度的年份，为年度的水量平衡计算进行数据的准备工作。方案准备阶段所需要的模型有需水预测模型和来水预测模型。在需水预测中，每年根据农业的作物组成、工业所需用水等因素，需要分别进行农业灌溉需水预测、工业需水预测、生活需水预测等，其中，农业灌溉需水预测模型是根据历史资料估算灌区灌溉单元的作物年度需水量；工业需水预测模型主要基于历史资料统计分析，结合产业结构变化以及节水技术与节水管理措施的加强等综合因素后，进行工业定额预测，再结合工业总产值预测成果，进行工业需水预测；生活需水预测模型主要分城镇和农村两类进行生活需水预测。来水预测是利用历年降雨资料、水文资料，运用来水预测模型进行来水预测。

方案模拟计算是利用方案准备的数据，根据实际业务，完成年度调水方案的相关计算和分析，并将结果存入数据库，供方案展示使用。模拟计算主要是调用多目标分析模型和渠系优化配水模型。其中，建立多目标优化分析模型主要以辅助灌区用水管理者进行灌区用水优化调度为目的，以保证灌区水资源的可持续利用；渠系优化配水模型是借助系统分析方法，以渠系配水时间最短或以灌区总净收益最大为目标，求得轮灌渠道的最优灌组划分及与之对应的分配流量与时间。

成果展示包括来水成果展示、需水成果展示和调水成果展示。其中，年度来水成果分配到各月，通过曲线、直方图等表现形式将预测来水过程表现出来；需水成果分为生产需水成果、生活需水成果、生态需水成果、综合需水成果等，其成果展示包括各个地区需水情况的时间分布和空间分布 2 种展示方式；调水成果主要指供水分水结果，其成果展示包括地区供水情况的时间分布和空间分布 2 种展示方式。

（2）月度调水方案编制。

月度调水方案编制同年度调水方案一样分为方案准备、方案模拟计算和成果展示 3 个主要功能模块。通过 3 个模块的工作,按照方案编制流程,制订出月度水量调度方案。

(3)实时调水方案编制。

实时调水方案编制同年度调度和月度调度一样分为方案准备、方案模拟计算和成果展示 3 个主要功能模块。通过 3 个模块的工作,按照方案编制流程,制订出实时水量调度方案。

3. 灌溉渠系水流模拟仿真

用计算机进行可视化搭建灌区渠道及渠系建筑物,在渠系建筑物搭建完毕后,输入灌溉系统控制点工况,模拟仿真系统可以自动完成灌溉过程中水流在渠系中的动态变化情况。可通过多次的灌溉模拟运行,选择更加合理的渠系配水方案。

7.4.5.2 业务流程

灌区供水优化调度业务流程如图 7-116 所示。

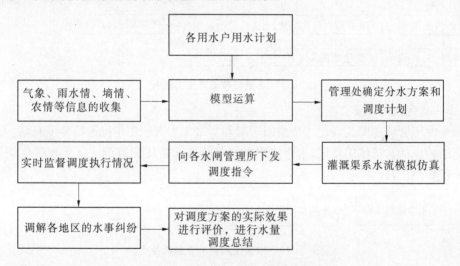

图 7-116　灌区供水优化调度业务流程

7.4.6　灌区水费征收及使用管理子系统

灌区水费征收及使用管理是为规范和方便水费征收及使用的日常管理工作设计的。主要功能包括水费征收、水费使用等。灌区水费征收及使用管理子系统功能结构如图 7-117 所示。

图 7-117　灌区水费征收及使用管理子系统功能结构

7.4.6.1 水费征收管理

建立网上水费征收管理系统,充分利用网络的便利条件,实现水费征收智能化、信息化。主要功能包括水费征收标准、取水量核算、水费核算、取水户缴纳水费、收据打印等内容。水费征收管理业务流程如图7-118所示。

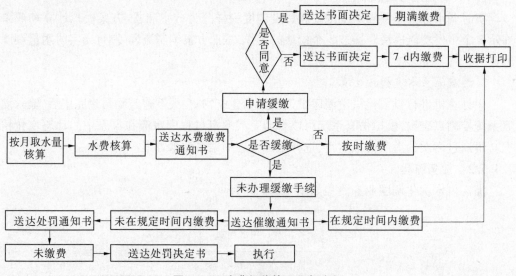

图7-118　水费征收管理业务流程

7.4.6.2　水费使用管理

水费使用管理主要是登记水费使用情况和对每年水费使用情况进行年度总结。其系统功能结构包括水费使用登记、水费使用年度总结和水费使用查询统计。水费使用管理业务流程如图7-119所示。

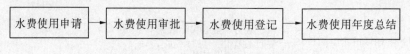

图7-119　水费使用管理业务流程

7.4.7　灌区信息共享和信息服务子系统

灌区信息共享和信息服务主要指灌区对外的信息披露与信息服务。灌区要利用现代化的手段如网站对外进行信息的披露和信息服务,如对灌区内的用水户披露水量、水费等信息,提供一些灌溉知识等方面的服务,对社会上其他相关单位提供相应的信息,让社会监督,也向社会宣传自身。

灌区信息共享和信息服务子系统功能结构如图7-120所示。

7.5　水土保持管理系统

水土保持管理系统以沈阳市水土保持监测总站、县级监测中心及其监测分站为监测信息管理的基本构架,以监测点的地面观测为基础,以遥感、地理信息系统和全球定位系统("3S")以及计算机网络等现代信息技术为手段,形成快速便捷的信息采集、传输、处理

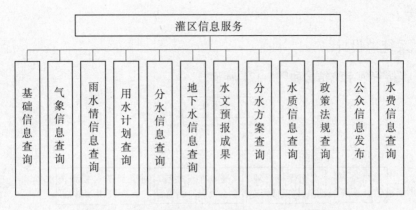

图 7-120　灌区信息共享和信息服务子系统功能结构

和发布系统,实现水土流失及其防治动态监测管理。

7.5.1　需求分析

7.5.1.1　信息内容需求

水土保持管理系统信息内容需求包括:降雨、气温、风力、流量等观测数据历史信息;土壤图、地质图、地貌图、地势图、水系图、城市总体规划图、土地利用总体规划图、水土流失专题图等图像信息;土壤侵蚀量、土壤侵蚀分布等土壤情况信息;水土保持规划、方案等信息。

7.5.1.2　信息发布需求

水土保持信息发布系统应该能够针对系统的不同服务对象,提供不同的信息服务。其中,面向水行政主管部门发布的信息主要包括:土壤侵蚀量、土壤侵蚀分布、水土流失状况、水土流失治理情况、水土保持规划、水土保持费征收情况等;面向科研及规划设计部门发布的信息主要包括:土壤侵蚀量、土壤侵蚀分布、水土流失状况、水土流失治理情况、水土保持规划等;面向社会公众用户发布的信息主要包括:相关政策、法规、标准、规范的相关信息,水土流失状况、水土保持和水费征收情况等。

7.5.1.3　信息交换需求

信息的交换需求主要包括:与市水利局交换的雨水情信息;与市水文局交换的雨水情信息;同级部门中不同监测信息、历史数据、实时图像信息等信息的交换;与防汛抗旱指挥调度系统、水资源管理、灌区信息管理、电子政务等水利信息化应用系统之间的信息交换;与政府其他职能部门之间的信息交换。

7.5.1.4　信息存储需求

根据水土保持实际情况,水土保持总站所建水土监测站监测信息存储在水土保持总站,然后上报市水利局,并分发给有关部门;与相关部门交换数据主要以统计分析结果存储在水土保持总站;水土保持相关文件、文档、业务报表存储在水土保持总站。为便于数据信息的管理和维护,存储系统应与市水利局统一标准。

7.5.1.5　信息量预测

以各种监测对象的数量以及各种监测站点的监测信息内容分析为基本分析对象,同时考虑通过数据交换,间接从水文、气象、国土等部门得到的信息,水土保持管理系统每年需汇集的沈阳市各类信息量,包括监测数据、业务数据和基础信息数据,初步测算信息量在 3 GB 左右。

7.5.2 系统总设计

水土保持管理系统结构如图 7-121 所示。

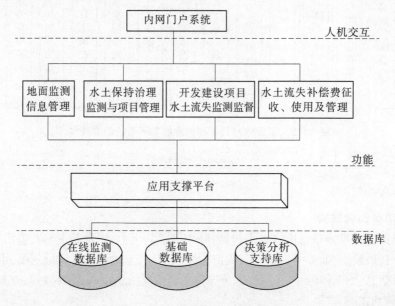

图 7-121 水土保持管理系统结构

7.5.3 地面监测信息管理系统

有针对性地开发沈阳市水土保持地面监测信息管理系统,将人工观测数据和自动采集的数据综合进行管理,并以常规监测、水文监测为基础,结合"3S"技术,根据不同层次对数据精度、采集频率要求的不同,建立完善的数据采集体系和数据库,完成各种水土保持监测信息的采集处理和应用管理,并对采集数据进行科学分析、归纳整理,形成水土流失公告监测成果,并向社会发布。

7.5.3.1 功能需求

1. 信息查询功能

专题地图查询:主要包括土壤图、地质图、地貌图、地势图、水系图、城市总体规划图、土地利用总体规划图、水土流失专题图等的查询。

监测点信息查询:主要包括已建成各类监测点分布、名称、监测数据的查询。

土壤侵蚀类型查询:主要包括归纳整理公告的土壤侵蚀类型分布等信息的查询。

"三级区域"划分:主要包括水土保持重点保护区、重点监督区和重点治理区的分布三级区域查询。

水土流失地块查询:主要是查询水土流失地块名称、位置、流失类型、流失量等信息。

2. 统计分析功能

基本数据汇总子功能:主要是把各个时间、空间上的数据按照一定的目的进行汇总,满足工作需要。

统计图表子功能：采用曲线图、饼图、柱状图等形象直观的形式反映数据。

7.5.3.2　业务流程

地面监测信息管理业务流程如图 7-122 所示。

图 7-122　地面监测信息管理业务流程

7.5.4　水土保持治理监测与项目管理系统

7.5.4.1　功能需求

水土保持治理监测与项目管理系统功能需求体现在：

（1）在现状水土流失评估的基础上，通过实施一系列造林（经济林、果园）、种草、整地（鱼鳞坑整地、反坡梯田整地、水平沟整地、水平坡整地）等水土保持措施来减少水土流失量，并运用遥感监测或地面监测，对比流失地治理前后情况，为进一步治理提供数据支持。

（2）统计地块治理年度情况、重点流失地治理投资情况。

（3）编制年度水土流失综合治理计划、水土保持总体规划。

系统建设模块主要包括：

（1）水土保持机构查询：可通过机构代码、机构名称查询各级水土保持机构的基本情况。如各级水土保持机构的机构组成、人员编制、主要职能、管理内容等信息。

（2）现状水土流失评估：通过现状监测资料，结合"3S"技术，对现状水土流失面积、水土流失危害程度进行评估分析。

（3）已治理小流域信息查询：主要是查询通过植物、工程、生态修复等措施已经治理完毕的小流域的信息。如地块所在位置、治理时间、治理面积、治理方式等信息。

（4）已治理小流域前后对比分析：主要依靠遥感图片对比分析小流域治理前后的情况。

（5）未治理小流域以及相应治理方案查询：主要是显示未治理小流域信息和对该小流域的治理规划。

（6）水土流失治理投资情况：显示各年度水土流失治理投资和投资明细。

（7）水土保持总体规划报告查询：主要显示已审查、立项的水土保持规划报告。

7.5.4.2　业务流程

水土保持治理监测与项目管理业务流程如图 7-123 所示。

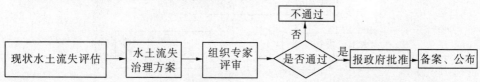

图 7-123　水土保持治理监测与项目管理业务流程

7.5.5 开发建设项目水土流失监测监督系统

7.5.5.1 功能需求

系统主要是在现有水土流失监测评价基础上,合理地安排开发区、采石区、拓展耕地等破坏水土资源的建设项目,并予以监测监督。

系统建设模块主要包括以下内容:

(1)建设项目基础管理:主要是对建设项目申请、水土保持方案提出、方案审查、项目批准等行政审批手续的管理。

(2)建设项目破坏水土情况:主要是展示某个具体建设项目对水土流失的影响情况,包括破坏大小、影响范围、流失量等开发建设项目特征表详细情况。

(3)建设项目水土流失防治措施:主要是根据建设项目破坏水土程度的大小,有针对性地提出一系列的水土流失防治措施方案。

(4)建设项目水土流失监测监理管理:通过开展监测监理工作、实际走访调查、遥感等手段,评估建设项目在年度内的水土流失情况。对不合格项目给予限期整改。

7.5.5.2 业务流程

开发建设项目水土流失监测监督业务流程如图 7-124 所示。

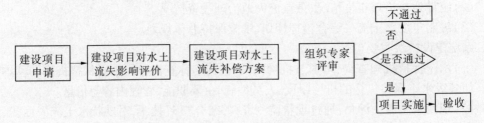

图 7-124 开发建设项目水土流失监测监督业务流程

7.5.6 水土流失补偿费征收及使用管理系统

水土流失补偿费征收及使用管理系统是为规范和方便水土流失补偿费征收及使用的日常管理工作设计的。本系统包含两方面的内容,一是水土流失补偿费征收管理,主要是水土流失补偿收费和水土流失防治费的收缴,建立网上水土流失补偿费征收管理系统,充分利用网络的便利条件,实现水土流失补偿费征收智能化、信息化。二是水土流失补偿费使用管理,主要是登记水土流失补偿费使用情况和对每年水土流失补偿费使用情况进行年度总结。水土流失补偿费征收及使用管理系统功能结构如图 7-125 所示。

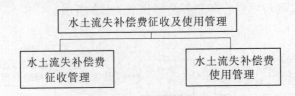

图 7-125 水土流失补偿费征收及使用管理系统功能结构

7.5.6.1 水土流失补偿费征收管理

建立网上水土流失补偿费征收管理系统,充分利用网络的便利条件,实现水土流失补偿费征收智能化、信息化。主要功能包括征收标准的确定,水土流失补偿费核算、缴纳及收据打印等功能结构。水土流失补偿费征收管理业务流程如图7-126所示。

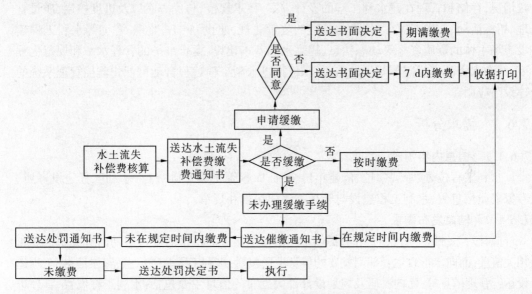

图7-126 水土流失补偿费征收管理业务流程

7.5.6.2 水土流失补偿费使用管理

水土流失补偿费使用管理主要内容是按照水土流失补偿费分配比例,上缴水土流失补偿费,并登记水土流失补偿费使用情况和对每年水土流失补偿费使用情况进行年度总结。水土流失补偿费使用管理系统功能结构如图7-127所示。水土流失补偿费使用管理业务流程如图7-128所示。

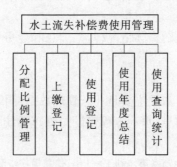

图7-127 水土流失补偿费使用管理系统功能结构

图7-128 水土流失补偿费使用管理业务流程

7.6 水利工程建设与管理系统

水利工程建设与管理业务是收集和整理各类水利工程设施的基础资料、历史沿革、现状情况,存储和管理在建水利工程的设计方案、技术规范、移民方案以及进度控制、质量管理、招标活动、技术专家库,建设与管理的政策法规,建设、施工、监理、咨询等水利工程建设市场主体的资质资格等动态信息,提高水利基本建设、运行维护的管理水平和规范化程度,结合水资源实时监测调度的需要,积极推进水利工程远程自动可视化监控管理系统的建设与应用。

7.6.1 需求分析

7.6.1.1 信息内容需求

水利工程位置、管理单位、修建年份、特征库容等工程基础资料,水利工程建设资质、专家资质信息等,水利工程建设与管理的法律法规和规章。

7.6.1.2 信息发布需求

应针对系统服务对象的不同,提供不同的信息服务。根据需要可主动向有关用户发布相关信息;向水行政主管部门发布的信息主要包括:水利工程基础信息、资质信息、工程建设运行管理信息等;面向科研及规划设计部门发布的信息主要包括:水利工程位置、管理单位、修建年份、特征库容等信息;面向社会公众用户发布的信息主要包括:相关政策、法规、标准、规范的信息,水利工程位置、管理单位、修建年份、库容、兴利库容等信息。

7.6.1.3 信息交换需求

信息交换需求主要包括:与市水利局交换的工情信息;同级部门中不同监测信息、历史数据、实时图像信息等信息的交换;与防汛抗旱指挥调度系统、水资源管理、灌区信息管理、电子政务等水利信息化应用系统之间的信息交换;与政府其他职能部门之间的信息交换。

7.6.1.4 信息存储需求

根据水利工程建设与管理的实际情况,监测信息和业务管理信息全部存储在市水利局信息中心。

7.6.1.5 信息量预测

水利工程建设与管理系统数据主要是业务管理数据,同时考虑通过数据交换,间接从水文、气象、国土等部门得到信息,水利工程建设与管理系统每年需汇集的各类信息量初步测算结果如表7-2所示。

表7-2　全市各类水利工程(年)信息量初步测算结果

数据内容	数据量(GB)	年更新(GB)
一、业务数据	1	1
二、基础信息数据	1	1
三、合计	2	2

根据初步测算,全市的信息量在 2 GB 左右。

7.6.2　系统设计

水利工程建设与管理系统结构如图 7-129 所示。

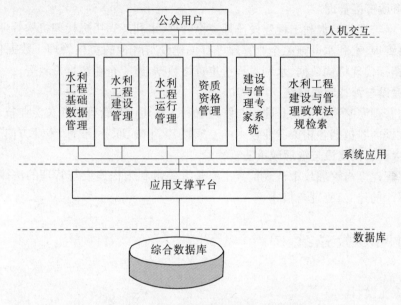

图 7-129　水利工程建设与管理系统结构

7.6.3　功能设计

7.6.3.1　水利工程基础数据管理

收集、整理水利工程基础数据,并导入数据库中。数据内容包括水利工程位置、管理相关单位、修建年份、库容、兴利库容等工程基础资料。

7.6.3.2　水利工程建设管理

水利工程建设管理包括工程建设进度管理、工程建设质量与安全管理、工程造价管理、工程验收管理、工程建设稽查管理。工程建设进度管理主要包括建设工程项目进度管理目标、建设工程项目进度管理程序、建设工程项目进度管理内容、建设工程项目进度管理措施、建设工程项目进度计划的调整。工程建设质量与安全管理包括质量安全监督注册、受监工程竣工台账、竣工验收备案、安全生产等级评定、文明工地评选、优良工程评定等。工程造价管理包括工程设计造价、实际造价等。工程验收管理包括验收标准、验收专家、验收备案等。工程建设稽查管理是指对法律法规执法情况和信用制度执行情况的检查,对工程建设、勘察、设计、施工、监理企业、招标代理、工程检测机构市场行为的检查。

数据内容主要包括项目管理的程序、管理内容、进度安排、调整计划表,受监工程竣工台账、竣工验收备案,工程设计造价、竣工结算、竣工决算等,国家验收规范标准、专家库、验收总结,工程建设、勘察、设计、施工、监理企业、招标代理、工程检测机构市场行为的评定。

7.6.3.3 水利工程运行管理

水利工程运行管理主要包括工程运行管理、工程管理单位及人员管理、工程管理为主目标考核管理、工程安全鉴定管理、工程遗留问题管理。数据展示主要包括水利工程位置、所属单位、工情、组成人员、管理考核办法、工程安全等级、工程遗留问题和解决方案。

7.6.3.4 资质资格管理

资质资格管理包括水利工程建设监理资格管理、水利工程招标代理机构管理、水利工程造价资格管理、水利水电施工企业管理等有关建设与管理的资格管理。数据包括监理单位数据、招标代理机构数据、水利工程造价资格数据、施工企业数据资料等。

7.6.3.5 建设与管理专家系统

建设与管理专家系统主要是建立与管理水利工程建设与管理各相关专业技术的专家人才库。数据内容包括各相关专业技术的专家姓名、年龄、职务、职称、专业方向等信息。

7.6.3.6 水利工程建设与管理政策法规检索

水利工程建设与管理政策法规检索主要是有关水利工程建设与管理的法律、法规和规章的数据库的建立、管理与检索。

7.7 协同办公系统

7.7.1 系统设计

本方案根据以往丰富的项目实施经验,同时结合沈阳市实际情况,将功能需求划分为以下几个模块:个人办公、公文管理、文档管理系统、知识管理系统、综合事务管理、计划日程管理、即时通信平台、安全文件和电子印章、系统管理等。协同办公系统结构如图7-130所示。

7.7.2 功能设计

7.7.2.1 个人办公

个人工作台主要是按照"以人为本"的理念进行设计、针对个人个性化服务提供的一个网上工作平台。

个人资料:用户可以对个人信息资料的管理及个人用户名、密码进行修改。

提醒设置:用户可以设置公文短信提醒、待阅公文短信提醒功能,当有新的公文或待阅公文来临时会有短信发到用户的手机上。

常用批示语:用户可以设置自己的常用批语。

外出委托:当用户外出时,个人可以将自己的工作委托给其他人员进行办理,回到岗位时可以取消委托,并查阅委托日志。

7.7.2.2 工作台快捷方式

该功能类似于 Windows 桌面的快捷方式,主要用于把个人频繁使用的功能在个人工作台上建立快捷方式,方便直接调用。

待签收工作:已经收到但尚未点击查阅处理的工作列表。

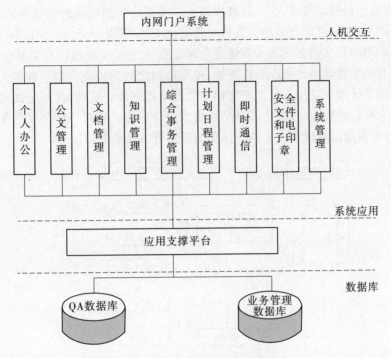

图 7-130　协同办公系统结构

待办工作:完成对待办工作的集中管理,查询处理所有待办的工作。所有待办工作均按不同的类别分别罗列,同时根据各类工作的紧急程度进行排序,到时自动进行催办管理;待办工作管理中会将与该项工作相关的一系列信息(包括工作来源、完成时限、工作目的)表现出来,同时容许用户定制提醒的时限和方式。

已办工作:已经处理提交下一环节的工作列表。

待阅工作:需要用户审阅的工作列表。

办结工作:由用户自己发起且流程结束的工作列表。

7.7.2.3　文档管理

相当于个人的公文包,可以建立个人文档管理数据库,对个人的各类电子文档进行录入、分类整理和共享管理。

日程安排:个人工作台历,用于安排个人的工作、活动、计划等事项,可以在系统中制定个人或部门的日计划、周计划和月计划等。

员工通讯录:录入、维护、查询、浏览本处室及其他处室的通信信息。

常用电话号码:实现水利局及各个处室常用电话号码分级维护、查询功能。

电子传真:员工可以通过协同办公系统(电子传真软件)发送和接收电子传真。

便签:便签模块的主要功能是对用户随手记录的一些事情进行管理。另外可以对所保存的记录进行查询、删除、修改。用户根据"主题"和"内容"对所有记录进行查询。如果"主题"和"内容"都为空,点击查询则显示所有的记录内容。

7.7.2.4　公文管理

公文是办公事务中是最繁杂、最重要的事务。在公文处理过程中,要耗费相当多的人力与物力,而且重复劳动量很大,办公效率较低。为了比较彻底地改变这种状况,提高公文信息资源的利用率,更加高效地为各种决策提供支持,建设一套公文的接收、传送、归档到最终查询利用的公文档案管理子系统是非常必要的,使公文处理过程中形成电子文件,将公文处理与档案管理连成一个有机整体,提高部门之间的彼此协同工作能力。我们将公文档案系统设计成为既相互独立又互相关联的文档一体化系统,使得公文处理和档案管理构成一个有机的整体,符合协同办公系统的设计思想。针对一般公文档案处理情况的分析,设计出系统逻辑模型。文档一体化的逻辑模型如图 7-131 所示。

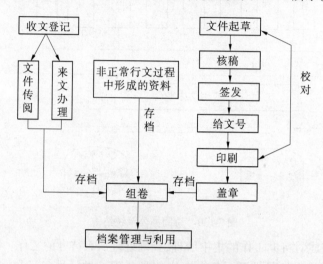

图 7-131 文档一体化的逻辑模型

公文的实际办理过程中处理流程表现为相关岗位人员之间协同、协作、协调的工作流程,文档一体化岗位工作流程如图 7-132 所示。

1. 收文管理

收文管理通过计算机和网络完成文件的登记、批分、传递、审批、发送、催办和归档,实现收文的电子批阅流程,提供对收文批阅流程的可视化监控、有效的查询和统计功能,可打印收文登记、收文登记簿等单据表格以及将文件进行电子归档。主要功能有:

(1)收文登录,收文由系统配置的登录文书负责登记,可以通过扫描仪把来文扫描成图片,录入到计算机中。

(2)系统自动对收文进行编号。来文文号自动生成年度部分,如[2002]。收文文号按文件年度自动计算流水号,与文种和收文日期无关,如[2002]0018 号,生成的编号可以更改。本系统提供收文登记冲突检测,即输入原文号后,系统自动判断正在登记的文件是否和以前登记过的收文重复,如果有冲突发生,显示提示信息和收文号,从而保证同一文件不重复登记。

(3)根据收文的不同环节(如拟办、批阅、阅办、归档)系统自动进行不同操作和不同权限的控制。

(4)可设置收文拟稿人权限,权限范围内的收文者将收到系统发送的"待阅提示",权限默认值为文件办理人员。

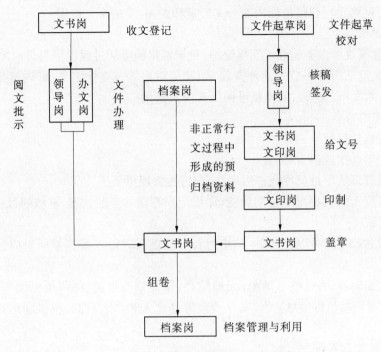

图 7-132 文档一体化岗位工作流程

（5）根据收文流程，灵活控制和定制收文传递流向以及流转时限。

（6）控制收文拟办、批阅、主办、阅办一系列操作的自动流转时间，自动按预先定制好的提醒方式进行催办。

（7）收文归档后的数据库实现多种结构、不同方式的查询。

（8）通过网络进行权限范围内的公文检索和查阅。

2．发文管理

发文管理通过计算机和网络完成发文的拟稿、传递、审批、编号、盖章、催办和归档等，实现发文的电子审批流程，提供对发文审批流程的可视化监控、有效的查询统计功能，并可设置打印。

主要实现的功能有：

（1）根据公文的种类，灵活定制各种发文的文件格式，采用通用的流行软件 Microsoft Word，完全可以满足各种格式公文的需求。

（2）根据公文的类别，按照预先定义好的"文号"生成方式自动添加分配文号。

（3）根据发文流程，灵活控制公文的传递流向。

（4）根据发文的不同环节，系统自动进行不同操作和不同权限的控制。

（5）可设置发文拟稿人权限，默认值为所有人员。

（6）在公文流转过程中自动记录所有的修改信息，实现修改留痕功能，包括修改者、修改内容、修改时间等。

（7）根据不同角色可定制不同用户查看公文的权限。

（8）从发文管理中自动存档到档案库，作为永久备份。

（9）通过网络进行权限范围内的公文检索和查阅,支持全文检索。

3. 签报管理

签报管理模块可以实现电子签报管理,对于签报的流转过程提供灵活的控制机制,可由当前用户决定下一个环节的处理方式,如发送对象等。提供定义、管理签报模板的功能,进行模板的发布,发布后的模板可被所有用户选用。

签报管理的特点:

（1）支持痕迹保留。

（2）签报自动生成流水号。

（3）签报管理的审批流程允许用户自定义,使管理更灵活。

（4）具有完善的流程跟踪控制功能,详细记录签报的当前状态、审核的过程和领导批示、签发的意见。

（5）签报和收发文可以相互引用,使用者可以更及时地了解签报所对应的收文或发文信息。

（6）正文编辑界面,能够与 Word 无缝结合,保留修改痕迹、保留历史版本;流程跟踪界面,能够查看审批流程信息,了解每个节点的办理人和办理时间,提供图形化的流程跟踪功能。

7.7.2.5　文档管理系统

1. 文档管理

局级文档由办公室管理,处室级文档由本处室自己管理。所有在协同办公系统中处理过的文件都能自动转到归档文件数据库中,在归档文件中查询文件的方式基本继承文件在处理过程中的查找方式,可以按不同分类进行文件查询,并提供全文检索和条件组合查询的功能。

文档支持按类型以及周期建立档案库。系统支持版本控制管理,支持目录树（或智能码）形式管理文档,提供公文统计、公文查询、文件移交、文档赋权,用户可以查阅本人参与过流转的所有文档。

2. 文档借阅

系统提供文档借阅流程定制以及应用功能,结合文档权限管理实现全局内部的文档借阅查询功能。文档借阅实现到期自动收回借阅查询权限功能,如需续借,需重新办理借阅手续。

7.7.2.6　知识管理系统

1. 知识管理主要功能

以目录树（或智能码）形式管理知识体系,支持知识订阅与推送（分享）机制,支持外部关联资料（如 VSS 等）,支持多关键字、全文索引,支持知识地图（按岗位/产品等形式重新组织知识体系）、知识利用统计（浏览量/下载量等）,支持问题解答/专家网络等方式。

2. 知识管理其他功能

知识管理其他功能包括:检索功能,修改功能,防止打印设定,防止随便下载,借阅申请功能,安全备份,发布告知功能,统计、排行榜。

7.7.2.7 综合事务管理

1. 办公用品管理

本功能完成水利局内部可分配办公用品类别的登记管理、办公用品分类列表更新维护等功能。系统提供一个通用的办公用品分类登记模板,用户可以根据不同的办公用品类别定制不同的办公用品登记表格。同时,通过定义分类来区分不同的办公用品类别,便于统计查询。

办公用品审批:包括办公用品申领单填报、办公用品审核、办公用品签发、办公用品登记等功能。系统可以根据不同类型办公用品的需要定制不同的流程,以满足不同办公用品的审批要求。

办公用品查询:包括办公用品列表查询、办公用品申领确认等功能。

办公用品使用统计:系统提供处室每月领用情况统计、每月库存物品状况统计、分类情况统计等功能。

2. 车辆管理

针对水利局内的车辆进行申请、安排,给车辆建立档案,显示车辆的使用状态,记录车辆的使用情况以及对驾驶员的管理。

车辆使用申请流程:车辆申请人填写车辆申请表,部门主要负责人审核车辆申请表,车辆调度员安排车辆,行政部门负责人审批车辆申请表(长途用车),返回车辆申请人。

根据车辆申请流程业务的分析,车辆申请流程可分为车辆使用申请、领导批示、派车几个功能模块。

填写申请:车辆申请人填写车辆申请表,说明申请车辆的原因、乘坐的人数、使用的时间、出车的路径,发送给领导审核;领导审批:领导审批包括本部门主要负责人、车辆管理部门主要负责人对申请人提出的用车申请批示同意、不同意的意见;派车:车辆管理员根据领导的批示意见,安排车辆、司机、时间,将结果返回给申请人。

车辆使用状态:按日期、每天的时间段显示所有车辆的安排情况(空闲、占用)。

车辆基本情况登记:为车辆建立档案,记录车辆的信息,包括购买日期、购置原值、折旧、车型、颜色、牌号、性能、各种技术指标、使用情况、故障情况等;车辆维修管理:维修登记、维修结果、维修查询、维修费用;燃油登记管理:领卡(票)登记、加油登记、加油查询;车辆保险:车险内容、保险金额、保险单号、入/出保日期、保险公司等信息;查询统计:查询统计车辆的使用情况、目前状况等信息。

驾驶员档案:包括个人基本情况、联系方式、健康状况等。

3. 固定资产管理

固定资产登记:系统实现对固定资产的基本信息登记、查询功能。

固定资产申请:提供固定资产申请的起草,并实现基于工作流引擎提供固定资产申请流程的审批功能。

统计查询:系统提供对固定资产基本信息的查询功能。

4. 会议管理

会议管理模块由会议申请、一周会议安排、会议室管理和会议资料管理组成。会议申请通过后,由会议管理员进行会议安排,形成一周会议安排表。针对每个会议,系统向每位与会者发送会议详细安排及主题通知。实现相关会议文件的保存、查询统计等功能。会议管理系统结构如图7-133所示。

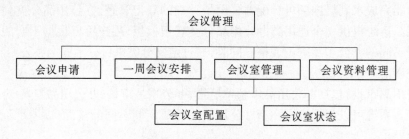

图7-133　会议管理系统结构

会议申请:包括水利局级会议申请流程、处室级会议申请流程和不需审批流程的会议通知的发布功能。对水利局级会议和处室级会议,内部会议室的申请将在办理环节进行。即当会议申请被相关领导批准后,由会议经办人发起会议室申请流程,待会议室确定后,再发送会议通知给与会人员。不需审批流程的会议在起草会议通知后由会议经办人发起会议室申请流程,待会议室确定后发送会议通知。

一周会议安排:以周为单位排列显示水利局的会议安排情况。

会议室管理主要包括会议室配置和会议室状态。其中,会议室配置是记录水利局所有会议室的情况,包括物理位置、可容纳人数、设备配置等;会议室状态是按日期、每天的时间段显示所有会议室的安排情况(空闲、占用)。

会议资料管理:实现对会议产生的各种资料(包括纸质文档、电子文档、手工方式录入、原文扫描、图片、录音、影像等)保存、检索功能。

会议申请流程如图7-134所示。

7.7.2.8　计划日程管理

计划日程管理模块用于管理水利局、部门或个人的工作计划和工作总结。通过对工作计划和工作总结的管理,能有效地帮助用户确定工作目标,合理安排工作和进行总结提高。

单位工作计划:具有相关权限的操作者

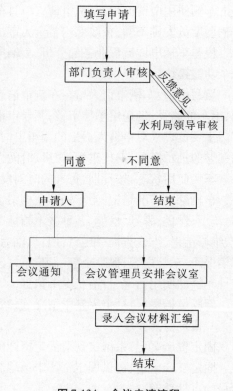

图7-134　会议申请流程

(比如领导)可以建立本单位的工作计划。建立工作计划时,可指定计划内容、创建时间、计划类别、相关附件等,并可指定通知对象(比如任务负责人)。

系统可按照时间先后自动生成工作计划表供浏览、打印。已完成的工作计划将自动转到以往工作计划列表里。用户可建立任意多个工作计划,可将工作计划指定给某些用户共享查看或修改。根据组织结构和权限的设定,单位领导可安排下级部门或员工工作计划。

部门工作计划:具有相关权限的操作者可以根据单位计划建立本部门的工作计划,并可将本部门工作计划上报相关领导审批。

个人工作计划:供个人建立、维护自己的工作计划。个人可根据领导或部门计划安排创建自己的工作计划,并将计划报送领导审批。

工作总结管理:员工可根据工作计划建立工作总结,并上报领导督导、考评,方便组织业绩的评定。工作总结包括部门工作总结与个人工作总结。用户可以以周、月为时间段,以工作计划为基础制作工作总结,查询时可按年、月、周设置进行查询。

(1)部门工作总结管理:部门领导或其他人员(分配权限)可创建部门的工作总结,包括总结填写日期、填报人、对应计划完成情况等信息,填写完毕后可以按照预定流程提交主管领导查看,领导同意后,即可在公共区域显示出来。

(2)个人工作总结管理:个人将根据工作计划完成自己的工作总结,填写完成后,按照预定流程提交主管领导查看、审批。

7.7.2.9 即时通信平台(与腾讯通集成)

即时通信平台方案提供与腾讯通的集成,提供了丰富的即时通信功能,可查询在线人员情况,发送即时消息,进行文件传递等。同时,还可以进行网络语音视频会议。

组织架构:登录后即可清晰地看到由树型目录表达的多层次组织架构;实时更新电子通讯录,在组织机构上查看对方电话、手机号码等信息;一目了然的树形组织架构,可让每个员工迅速地融入组织当中,即使在彼此还不认识的情况下也可以很好地协作。

丰富的即时通信:查看联系人在线状态信息;即时消息发送与接收,可多人会话,群发广播通知;文件收发功能,可通过直接拖放文件到会话窗口进行发送;截图直接贴图功能,可自定义截图热键;支持语音、视频交流及语音留言;主题讨论,可灵活地定义群组及发起讨论;可根据不同的查询条件查找并添加组织内外联系人。

在即时消息上发消息完全可以和手头的其他工作同时进行。其比 E-mail 要快速,无须等待;比电话交流方式要丰富,不用消耗时间在拨电话、等待对方接听,或者对方不在时要多次重拨等,可以省去许多电话费,办公室电话铃声和在电话上讲话的干扰也大幅度降低;在电话上不容易讲清楚的如一串数字、地址等可以很方便地用文字来描述,可以直接把一幅图或者文件发给对方;可以打开语音、视频进行对话。

视频语音网络会议:网络会议对跨地区的交流不仅可大幅度地节省成本,而且交流更及时、交流方式更丰富。不需要手工做会议记录,自动保存完整的会议记录,图、文、声并茂,即使缺席的人也可以查看到整个会议过程。主要包括会议预定与定时提醒;文字、语音、视频交流,电子白板、远程协作;完整的会议记录与回放。

7.7.2.10 系统管理

系统管理包括用户管理、权限管理、备份恢复、系统监控、安全管理、日志管理、代码维护。提供多种系统管理功能,如权限管理、条件设置、链接设置、标志设置、IP 限制、身份认证、通讯录的字段/显示列/显示字段设置、Web 模块设置、数据库模块设置、RSS 模块管理、接口管理、短信管理、回收站、群组管理、范围管理、公文设置、组设置、外部数据导入、流程管理等,实现人员、部门、岗位、组别、模块权限等管理功能,提供用户权限、密级、口令、流程定制、资料备份等管理方式,同时为用户提供了个性化页面定制功能,能根据不同用户的需要灵活定制其页面内容。实现与网站平滑衔接,与 ERP、HR 等系统有关数据的接口,从而达到相应数据的一致性和完整性。

人员组织设置:提供用户、组织、角色、权限等数据模型的维护和服务;通过一致的引擎接口可以获得和维护用户信息、用户相关的组织信息、岗位信息、角色信息等。主要内容包括:组织机构,建立机构,同时对所建立的基本信息进行维护;职务级别,建立基本信息,同时对所建立的基本信息进行维护;岗位名称,定义岗位,同时对所建立的基本信息进行维护;人员权限,定义人员基本信息和权限,包含用户标识、登录口令、用户名称、年龄、性别、单位、部门、职位等,同时对所建立的人员进行权限的定义;自定义组,根据工作需要可以将人员进行组合,形成工作组。

短信平台设置:是否启用手机短信提醒/通知,可以针对系统功能模块进行设置;手机短信接收后的处理,代码管理/功能模块对应以及相应业务处理。

应用设置:对办公流程、格式提供预设置功能。

(1)系统模板:提供协同、公文的流程模板和格式模板,同时提供对项目文档和流程模板的支持。

(2)公文协同格式模板:建立协同、公文流程中所需表格的格式样表。

(3)讨论区专题:定义专项讨论区。

(4)公共资源:建立资源信息,对资源信息进行维护管理。

电子表单:电子表单系统基于业内最新的 AJAX 技术实现了纯 Web 无控件可视化表单编辑。它比传统控件版本的电子表单,在速度、效率和易用性上都有了大大提高。电子表单系统提供所见即所得的表单编制、灵活的表单部署、友好的表单填报、强大的表单流转(结合工作流)、智能的表单信息处理能力,同时提供了与其他系统集成的应用开发接口。电子表单系统采用 XML 描述表单外观,采用关系型数据库保存表单数据,能够方便地把关系型数据库中的信息展现到表单或保存到一个新建的数据表中。每个表单可以对应多个数据实例,能够通过一张表单提交多个数据实例;每个数据实例都独立于表单外观,能够被应用程序灵活地操作。内置强大的数据校验、数据计算机制,不需要编程即可满足常规的业务需求;可以针对表单控件和数据模型进行脚本编写,实现复杂的业务逻辑。电子表单功能包括以下几个部分:表单引擎、AJAX 表单设计工具、模板管理、实例管理、数据库关联、表单开发接口。

管理维护:提供外部应用标准接口,实现外部应用链接;对运行系统进行维护,清理垃圾数据,保证系统运行。

安全管理:采用用户名和密码辨别用户合法身份;数据的传输和存储采用加密算法;附件文件的存储采用加密方式;客户端 IE 的保护,防止通过 IE 攻击系统;采用硬件加密狗保护用户单位使用权益和系统应用安全性;自动备份功能提升系统数据的安全性。

IP 管理:系统管理员可以限定不同 IP 段的终端访问或者限制访问协同办公系统。

接口管理:接口管理包括公文交换接口以及与其他业务系统如 HR/ERP 系统接口。

日志管理：系统日志记录系统的访问历史，包括用户的登入退出、用户名称、用户访问时间等。系统管理员可对系统日志进行查看和清理。

功能和权限管理：功能和权限分配由系统管理员统一管理，可对每个用户进行菜单授权。提供对角色的支持，对多个用户分配权限。系统管理员可以给下级单位的管理员授权，使其可以管理本单位的系统。权限管理通过登录名、角色、权限的对应关系，完成对系统权限的分配与定制。

自由用户管理：自由用户指组织部门以外的任何用户，如临时性用户。

强制并委托任务：当办理人不在工作岗位上，无法办理任务时，可以由管理员进行强制完成或重新委派。

第8章 水利信息化系统的配套保障技术

8.1 水利信息化安全体系设计

8.1.1 设计思想及原则

建立完整有效的水利信息化安全体系,首先应该有一个科学的、整体的、适合目标环境的设计思想作为整个体系建设的理论依据和指导思想,以确保整个体系的先进性和有效性。水利系统目前处于安全体系建设的起步阶段,需要确立符合水利系统业务特点和网络状况,并且具有充分的前瞻性和可行性,以保证体系建设的可扩展性、可持续性以及投资的有效性和最终目标的达成。

从建设进度、经费和性能多个因素考虑,安全体系需分期实施,近期工程主要从物理安全、网络安全和应用安全以及系统可靠性四个方面进行重点安全设计。而系统平台安全和通信安全在远期工程中设计。

近期工程安全设计内容:

(1)设计保障系统运行安全的各种措施,如防病毒措施、冗余措施(范围涉及线路、数据、路由、关键设备等)、备份与恢复措施(关键数据除采取本地备份措施外,还建立异地备份系统);

(2)设计各种主动防范措施,如入侵防御系统;

(3)设计审计系统,以便于事后备查取证;

(4)考虑到安全的动态性,需要采用漏洞分析工具不断地对系统进行漏洞检查、安全分析、风险评估,以及安全加固和漏洞修补等;

(5)设计物理安全措施,如冗余电源、防雷击、机房安全设计等。

远期工程安全设计内容:

(1)建立全系统安全认证平台,如更好地支持广域范围应用认证的 CA 系统;

(2)建立完善的安全保障体系,即以可信计算平台为核心,从应用操作、共享服务和网络通信 3 个环节进行安全设计,如移动用户、重要用户、关键设备的系统加固、在骨干线路上配置 VPN 以及保护移动用户和重要用户安全通信的 IPSec 客户端,保护重要区域的安全隔离与信息交换系统,并在授权管理的安全管理中心以及可信配置的密码管理中心的支撑下,来保证整个系统具有很高程度的安全性;

(3)完善近期已有的安全措施,如更大范围的审计系统、主机入侵检测系统、异地业务连续性系统等。

同时,水利信息化安全体系设计过程中应遵循以下原则:①风险与代价相平衡原则;

②主动与被动相结合原则;③部分与整体相协调原则;④一致性原则;⑤层次性原则;⑥依从性原则;⑦易操作性原则;⑧灵活性原则。

8.1.2 安全管理体系

8.1.2.1 安全策略

安全策略包括各种法律法规、规章制度、技术标准、管理规范和其他安全保障措施等,是信息安全的最核心问题,是整个信息安全建设的依据。安全策略用于帮助建立水利信息化系统的安全规则,即根据安全需求、安全威胁来源和组织机构来定义安全对象、安全状态及应对方法。安全策略通常分为三种类型:总体策略、专项策略和系统策略。

总体策略为机构的安全确定总体目标(方向),并为其实现分配资源。此策略通常由机构的高级管理人员(如 CIO)制订,用来规定机构的安全流程和管理执行机构,主要包括:①确定安全流程、涉及的范围和部门;②将安全职责分配到对应的执行部门(如网络安全/管理部门),并规定与其他相关部门的关系;③规范/管理机构范围内安全策略的一致性。

专项策略通常针对一项业务(服务)制订,它规定当前信息安全特定方面的目标、适用条件、角色、负责人以及策略的一致性要求。如针对电子邮件系统、因特网浏览等制订的安全策略。

系统策略是针对某个具体的系统(包含涉及的硬件、软件、人员等)制订的安全策略,它主要包含:①安全对象;②不同安全对象的安全规则;③实现的技术手段。

安全策略目前主要作为规定、指南,通过文件方式在全系统范围内发布。在水利信息化系统这样的大型系统内,由于有关的策略变动、系统变动频繁,因此要求对安全策略进行计算机化管理。

8.1.2.2 安全组织

全系统使用一个安全运行中心(SOC),为全网范围提供策略制订和管理、事件监控、响应支持等后台运行服务。同时,通过 SOC 对全系统的安全部件进行集中配置和管理,处理安全事件,对安全事件实施应急响应。

安全运行中心 SOC 功能如下。

1. 安全策略管理中心

安全策略管理中心制订全系统的安全策略,并负责维护策略的版本信息。

2. 安全事件管理中心

安全事件管理中心提供全系统安全事件的集中监控服务。它与网络运行中心(NOC)使用同一个事件系统,但专注于与安全相关事件的监控。

安全事件管理中心进行实时的安全监控,并且将安全事件备份到后台的关系数据库中,以备查询和生成安全运行报告。

安全事件管理中心可根据安全策略设置不同事件的处理策略,例如可将关键系统的特定安全事件升级为事故,并自动收集相关信息,生成事故通知单(Trouble Ticket),进入事故处理系统,也可生成本地的安全运行报告。

3. 安全事件应急响应中心

安全事件应急响应中心提供全系统安全事故的集中处理服务。它与 NOC 使用同一个事故处理系统,但专注于安全事故的处理。

安全事件应急响应中心接收从事件监视系统发来的事故通知单,以及手工生成的事故通知单,并对事故通知单的处理过程进行管理。

安全事件应急响应中心将所有事故信息存入后台关系数据库,并可生成运行事故报告。

8.1.2.3 安全运作

安全系统是由安全策略管理、策略执行、事件监控、响应和支持、安全审计 5 个子系统构成的一个有机的安全保证和运行体系。

1. 安全策略管理

安全策略是水利信息化系统安全建设的指导原则、配置规则和检查依据。安全系统的建设主要依据水利信息化系统统一的安全策略管理。

2. 策略执行

通过采购、安装、布控、集成开发防火墙系统、入侵防御系统、弱点漏洞分析系统、内容监控与取证系统、病毒防护系统、内部安全系统、身份认证系统、存储备份系统,执行安全策略的要求,保证系统的安全。

3. 事件监控

集中收集安全系统、服务器和网络设备记录及报告的安全事件,实时审计、分析整个系统中的安全事件,对确定的安全事件进行报告和通知。

4. 响应和支持

对安全事件进行自动响应和支持处理,包含事件通知、事件处理过程管理、事件历史管理等。

5. 安全审计

对整个系统的安全漏洞进行定期分析报告和修补;定期检查审计安全日志;对关键的服务器系统和数据进行完整性检查。

8.1.3 安全技术体系

安全技术体系主要从系统可靠性和系统安全性两个方面进行建设。系统可靠性主要通过数据、线路、路由、设备的冗余设计,软件可靠性设计,雷电防护和断电措施设计来保证;系统安全性主要从防黑客攻击和安全认证角度进行了网络安全和应用安全设计。

8.1.3.1 可靠性设计

为了保证系统的可靠运行,主要考虑数据、信道、路由、设备、防雷、接地和电源等因素,具体设计如下。

1. 数据可靠性

数据可靠性主要包括数据本地备份、数据异地备份和数据传输的可靠性三个方面。

为了保证所有测站观测数据能够被正确自动地重传,需要配置固态存储器。针对各种数据库,采用数据库备份软件来实现数据的备份,并实现历史数据的导出转储,因此在网络中心配置大容量磁带库进行数据库的本地备份。

　　在沈阳市水利信息化系统中,数据存储架构为集中与分散的架构。从数据存储的架构来看,分中心的数据与测站的数据互为备份,市水利局网络中心的数据(中心)与市水利局直属异地办公单位的数据互为备份,因此此数据架构保证在某地出现意外情况时,数据能够被恢复,实现了数据的异地备份。

　　采集系统发送方在数据发送的过程中,遇到网络问题等造成通信中断时,发送方要保留没有正确发送的所有数据(整个本次需要发送的数据文件),待系统故障解决后,由系统自动将整个文件重新发往接收方;接收方在接收过程中,遇有网络问题等造成通信中断时,接收方要删除已经接收的部分数据(已经正确接收的部分数据——文件的一部分),从而保证接收数据的完整性。

　　2. 信道可靠性

　　骨干网络采用光纤专线作为信道,确保信息传输的畅通。测站到中心/分中心的信道采用光纤专线(有视频监控的测站)、VPN(无视频监控的测站)和 GSM/CDMA(无线测站)。另外,沈阳市水利局还配备有卫星应急指挥车和前端单兵通信设备,保障在应急状态下的信息传输的畅通。

　　3. 设备可靠性

　　针对路由器,在网络中心配置两台路由器,主路由器具有双电源、双引擎和模块热插拔等功能;针对服务器,重要的服务器采用双机系统,并采用磁盘阵列增加可靠性;针对安全设备,网络中心的防火墙、入侵防御均为冗余配置;针对采集设备,数据采集和交换服务器采用两台,互为备份。

　　4. 路由可靠性

　　在骨干网中,主线路采用 OSPF 动态路由,备份线路采用静态路由。

　　5. 雷电防护

　　测站通信的传感器信号线、电话线、电源线和其他各类连线都应进行屏蔽,并给出抗雷电的措施。

　　6. 接地

　　网络中心接地电阻小于 1 Ω;分中心接地电阻小于 5 Ω;测站接地电阻小于 10 Ω。如接地电阻难以达到要求,对野外站可视情况稍加放宽,对分中心和重要测站则可在屋顶安装闭合均压带,室内安装闭合环形接地母线等措施改进防雷性能。

　　7. 电源可靠性

　　电源设计是提高系统可靠性的又一重要措施。目前各地电源系统均采用双路供电,因此电源设计应考虑电源电压范围、直流电池防过电和欠压、电源管理等,主要设计内容包括:交流供电线路应安装漏电开关、过压保护;交流稳压器应具有瞬态电压抑制的能力,即抑制谐波的能力;直流电池防过电和欠压措施;遥测终端设备具有基于休眠和远程唤醒的电源管理技术;各级机房配置 UPS 电源。

8. 软件可靠性

应用软件能检测信道和测站设备的工作状态,发现故障时,能自动切换到备用信道上。

9. 其他方面

在设计时应注意各种设备的接口保护、抗电磁干扰和抗雷击保护,并注意电源电压的适应性。

8.1.3.2 安全性设计

近期工程主要从物理安全、网络安全和应用安全三个方面进行安全设计。而系统安全和通信安全要从建设进度、经费、性能等多个方面考虑,在远期工程中设计。

1. 物理安全

物理安全是保护计算机网络设备、设施以及其他媒体免遭地震、水灾、火灾等环境事故以及人为操作失误或错误及各种计算机犯罪行为导致的破坏过程。它主要包括三个方面。

(1)环境安全:对系统所在环境的安全保护,如区域保护和灾难保护(参见国家标准《电子计算机机房设计规范》(GB 50173—93)、《电子计算机场地通用规范》(GB 2887—2000)、《计算站场地安全要求》(GB 9361—1988))。水资源管理系统建设在这方面,主要根据国家的相关标准对现有机房条件进行改进。

(2)设备安全:主要包括设备的防盗、防毁、防电磁信息辐射泄漏、防止线路截获、抗电磁干扰及电源保护等。

(3)媒体安全:包括媒体数据的安全及媒体本身的安全。水资源管理系统的建设中有关介质的选择,主要考虑介质的可靠性,充分利用各种存储介质的优点。

显然,为保证信息网络系统的物理安全,除对网络规划和场地、环境等有要求外,还要防止系统信息在空间的扩散。计算机系统通过电磁辐射使信息被截获而失密的案例已经很多,在理论和技术支持下的验证工作也证实这种截取距离在几百米甚至可达千米的复原显示给计算机系统信息的保密工作带来了极大的危害。为了防止系统中的信息在空间上的扩散,通常是在物理上采取一定的防护措施,来减少或干扰扩散出去的空间信号。

正常的防范措施主要有三个方面:

(1)对主机房及重要信息存储、收发部门进行屏蔽处理,即建设一个具有高效屏蔽效能的屏蔽室,用它来安装运行主要设备,以防止磁鼓、磁带与高辐射设备等信号外泄。为提高屏蔽室的效能,在屏蔽室与外界的各项联系、连接中均要采取相应的隔离措施和设计,如信号线、电话线、空调、消防控制线,以及通风波导、门的关启等。

(2)对本地网、局域网传输线路传输辐射的抑制。由于电缆传输辐射信息的不可避免性,现均采用了光缆传输的方式,且大多数均在 Modem 出来的设备用光电转换接口,用光缆接出屏蔽室外进行传输。

(3)对终端设备辐射的防范。终端机尤其是 CRT 显示器,由于上万伏高压电子流的作用,辐射有极强的信号外泄,但又因终端分散使用不宜集中采用屏蔽室的办法来防止,故现在的要求除在订购设备上尽量选取低辐射产品外,主要采取主动式的干扰设备如干扰机来破坏对应信息的窃复,个别重要的首脑或集中的终端也可考虑采用有窗子的装饰性屏蔽室,此方法虽降低了部分屏蔽效能,但可大大改善工作环境,使人感到似在普通机房内工作一样。

其他物理安全还包括电源供给、传输介质、物理路由、通信手段、电磁干扰屏蔽、避雷方式等安全保护措施建设。

2. 网络安全

网络安全设计实现基本安全的原则,通过在网络上安装防火墙实现用户网络访问控制;通过 VLAN 划分实现网段隔离;通过网络入侵防御系统实现对黑客攻击的主动防范和及时报警;通过漏洞扫描系统实现及时发现系统新的漏洞、及时分析评估系统的安全状态,根据评估结果及时调整系统的整体安全防范策略;通过防病毒系统实现病毒防范,综合以上多种安全手段,实现对网络系统的安全管理。

网络中心的安全设计如下:

(1)配置两台千兆防火墙,构成双机热备防火墙系统,提供对外部连接的安全控制;

(2)配置两台千兆入侵防御设备,提供对外部非法入侵的防范;

(3)配置一套漏洞扫描系统,实现对服务器、网络设备系统漏洞的侦测和修正;

(4)配置一台病毒防范服务器,在网络服务器和工作站上配置防病毒客户端软件,实现对网络病毒的防范;

(5)配置两台安全监控工作站,实现对网络安全设备的配置及监控。

直属异地办公单位的安全设计如下:

(1)病毒防范,在网络服务器和工作站上安装安全防病毒客户端软件;

(2)配置一台百兆防火墙,提供对外部连接的安全控制。

3. 应用系统安全

在水利信息化系统的各种应用中,用户在对应用平台进行访问时,首先需要通过安全认证。根据分期实施的原则,近期工程主要考虑内部用户访问应用平台的安全认证,即通过在中心设置 AAA 认证服务器来实现用户的认证、授权和审计;远期工程再建设基于 CA 的用户集中管理、认证授权系统。因此,近期工程应用系统安全主要考虑主机操作系统安全、数据安全。

主机操作系统作为信息系统安全的最小单元,直接影响到信息系统的安全;操作系统安全是信息系统安全的基本条件,是信息系统安全的最终目标之一。主机操作系统的安全是利用安全手段防止操作系统本身被破坏,防止非法用户对计算机资源及信息资源(如软件、硬件、时间、空间、数据、服务等资源)的窃取。操作系统安全的实施将保护计算机硬件、软件和数据,防止人为因素造成的故障和破坏。操作系统的安全维护不是一个静止的过程,几乎所有的操作系统在发布以后都会或多或少地发现一些严重程度不一的漏洞。

结合沈阳市水利信息化系统的应用现状,各种操作系统的安全保障措施包含如下要求:

（1）主机系统安全增强配置：对沈阳市水利信息化系统中的各类主机系统采用配置修改、系统裁剪、服务监管、完整性检测、打 Patch 等手段来增强主机系统的安全性。

（2）主机系统定制：对 Web 服务器、DNS 服务器、E-mail 服务器、FTP 服务器、数据库服务器、应用服务器等主机系统根据各自的应用特点采用参数修改、应用加固、访问控制、功能定制等手段来增强系统的安全性。

（3）部署安全审计系统：定期评估系统的安全状态，及时发现系统的安全漏洞和隐患对安全管理来说极为重要，在网络中心的核心服务器网段部署安全审计系统，使其在预定策略下对系统自动地进行扫描评估，并可通过远端对审计策略根据需要随时调整。在网管中心控制台上可方便地查阅审计报告，预先解决系统漏洞和隐患，防患于未然。

（4）部署集中日志分析系统：如果系统内部无日志采集分析系统，导致重要日志信息淹没在大量垃圾信息之中，最终导致根本无法保留日志，因此需在中央网络中心部署一套集中日志分析系统，通过该系统对日志进行筛选、异地（不同主机）安全存储和分析，使得出现的安全问题容易追查、容易定位，通过进行科学分析可对入侵取证提供技术方面的证据。

同时，结合沈阳市水利信息化系统的应用现状，各种数据的安全保障措施如下：

（1）工情、灾情信息等信息在传输过程中采用加密方式传输，待相关系统接收到数据后，再对数据进行解密、处理，并将其入库。

（2）通过构造运行于不同地域层次的雨水情、工情、旱情、灾情等实时信息的接收与处理设施和软件，实现数据入库前的分类综合、格式转换等，并构造支持数据分布与传输的管理系统，保障系统信息分散冗余存储规则的实现及数据的一致性。

8.1.4　安全保证体系

8.1.4.1　应用操作的安全

应用操作的安全通过可信终端来保证。可信终端确保用户的合法性，使用户只能按照规定的权限和访问控制规则进行操作，具备某种权限级别的人只能做与其身份规定相符的访问操作，只要控制规则是合理的，那么整个信息系统不会发生人为攻击的安全事故。可信终端奠定了系统安全的基础。可信终端主要通过以密码技术为核心的终端安全保护系统来实现。

8.1.4.2　共享服务的安全

共享服务的安全通过安全边界设备来实现。安全边界设备（如 VPN 安全网关等）具有身份认证和安全审计功能，将共享服务器（如数据库服务器、浏览服务器、邮件服务器等）与访问者隔离，防止意外的非授权用户的访问（如非法接入的非可信终端），这样共享服务端主要增强其可靠性，如双机备份、容错、紧急恢复等，而不必作繁重的访问控制，从而减轻服务器的压力，以防拒绝服务攻击。

8.1.4.3　网络通信的安全

网络通信的安全保密通过采用 IPSec 实现。IPSec 工作在操作系统内核，速度快，几乎可以达到线速处理，可以实现信息源到目的端的全程通信安全保护，确保传输连接的真实性和数据的机密性、一致性。

目前,许多商用操作系统支持 IPSec 功能,但是从安全可控和国家政策角度,沈阳市水利信息化系统必须采用国家密码管理部门批准算法的自有 IPSec 产品。

IPSec 产品不仅可以很好地解决网络之间的安全保密通信,还能够很好地支持移动用户和家庭办公用户的安全。

8.1.4.4　安全管理中心

当然,要实现有效的信息系统安全保障,还需要授权管理的安全管理中心以及可信配置的密码管理中心的支撑。

安全系统进行集中安全管理,将系统集成的安全组件有机地管理起来,形成一个有机整体。安全系统具有前述 SOC 一样的功能。

8.1.4.5　密钥管理中心

密钥管理中心保证密钥在其生命周期内的安全和管理,如密钥生成、销毁、恢复等。

8.1.4.6　其他安全保障措施

通过以上的安全保障措施,可以有效地避免导致防火墙越砌越高、入侵检测越做越复杂、恶意代码库越做越大的问题,使得安全的投入减少,维护与管理变得简单和易于实施,信息系统的使用效率大大提高。

在安全防护系统中,一般还有如下保障措施:

(1)通过防病毒系统实施,建立全网病毒防护、查杀、监控体系;

(2)安装弱点漏洞分析工具,定期检查全网的弱点漏洞和不恰当配置,及时修补弱点漏洞,调整不恰当的配置,保证网络系统处于较高的安全基准;

(3)通过入侵防御系统的实施,实施对网络网外攻击行为和网内违规操作的检测、监控和响应,实现全网入侵行为和违规操作行为的管理;

(4)通过信息监控与取证系统的实施,阻止敏感信息的流出,阻止不良信息、有害信息和反动信息的流入,对违规行为、攻击行为进行监控和取证;

(5)通过系统完整性审计系统的实施,监视服务器资源访问情况,识别攻击,实现对关键服务器的保护;

(6)通过远程存储备份系统的实施,实现对敏感数据、数据库的远程安全备份;

(7)通过网站监控与恢复系统的实施,实现对信息发布系统的保护;

(8)通过安全认证平台的实施,实现对应用系统访问控制、资源访问授权和审计记账。

8.1.5　安全设施要求

为确保沈阳市水利信息化系统安全,需要提高入侵防御系统和防火墙的安全设施。

8.1.5.1　入侵防御系统

入侵防御系统用于保护数据库服务器、应用服务器等重要服务器。在水利信息外网的网络中心,配置两套入侵防御系统,互为备份。对入侵防御系统的要求如表 8-1 所示。

表 8-1 对入侵防御系统的要求

技术指标	参数要求
产品结构	机架式独立 IPS 硬件设备,系统硬件为全内置封闭式结构,稳定可靠,加电即可运行,启动过程无须人工干预
业务网络接口	10/100/1 000 M 接口≥4 个
硬盘	内置大硬盘,硬盘容量≥80 G
业务功能指标	攻击特征库数量≥3 000 +
	集成第三方专业防病毒厂商的专业病毒库
	病毒特征库数量≥8 000 +
	支持的协议识别数量≥800 +
	支持深入七层的分析检测技术,能检测防范的攻击类型包括:蠕虫/病毒、木马、后门、DoS/DDoS 攻击、探测/扫描、间谍软件、网络钓鱼、利用漏洞的攻击、SQL 注入攻击、缓冲区溢出攻击、协议异常、IDS/IPS 逃逸攻击等
	可以识别迅雷、BT、eDonkey/eMule、KuGoo 下载协议、多进程下载协议(网络快车、网络蚂蚁)、腾讯超级旋风下载协议、TuoTu 下载协议、Vagaa"画"时代、Gnutella、DC 等 P2P 应用,可以识别 MSN、QQ、ICQ、Yahoo Messenger 等 IM 应用,可以识别 PPLive、PP-Stream、HTTP 下载视频文件、沸点电视、QQLive 等网络视频应用,可在识别的基础上对这些应用流量进行阻断或限流
	支持 IP 碎片重组、TCP 流重组、会话状态跟踪、应用层协议解码等数据流处理方式
	采用全面深入的分析检测技术,结合模式特征匹配、协议异常检测、流量异常检测、事件关联等多种技术,能识别运行在非标准端口上的协议,准确检测入侵行为,能提供支持的网络协议列表
	支持 URL 过滤;URL 过滤可以基于时间、主机,能够精细到单一 IP 地址
	IPS 检测到攻击报文或攻击流量后,支持阻断、隔离、Web 重定向、限流的响应方式
	支持基于时间、方向、用户 IP 对网络滥用流量进行限流
	支持对病毒感染主机或黑客主机的网络隔离或访问重定向,支持对攻击报文进行抓包追踪
	支持白名单和黑名单功能
	支持策略自定制能力
	支持对不同的网段运用不同的检测策略
	支持细粒度的特征规则设置,可以为单条不同的特征规则设置不同响应方式,包括告警、阻断、隔离、限流、重定向等
	可以识别并检测 802.1Q、MPLS、QinQ、GRE 等特殊封装的网络报文
	支持手动、自动升级特征库
部署模式	支持在线部署模式(IPS 模式),同时,支持旁路部署模式(IDS 模式),两种模式可以同时工作
	在线部署时,支持透明部署,即插即用

続表 8-1

技术指标	参数要求
管理方式	支持基于 Web 的图形化管理方式,支持 HTTP、HTTPS 登录 Web 图形管理系统进行管理
	不需要部署额外的管理系统,通过基于 Web 的图形化管理方式,即可实现完备的单机的设备管理、安全策略管理、攻击事件统计分析功能
	支持基于串口、Telnet 的命令行管理
	支持对多台分布式部署的 IPS 设备进行集中管理
	IPS 支持对设备本身电源的监控
	支持分布式和一站式管理
日志功能	提供全面的系统日志、审计日志功能,日志可导出
	支持本地硬盘、Syslog 服务器、远端服务器等多种日志告警保存方式
	支持实时的攻击日志归并功能,可以根据用户需要,对告警日志执行任意粒度的归并,有效避免告警风暴
	能够按照用户需求生成各种风格的统计报表,并可导出报表
	支持 Syslog 日志发送接口
可靠性	支持二层回退功能,当检测引擎在极端情况下失效时,设备可退回到二层模式,保证网络连通
	支持掉电保护功能,可提供掉电保护装置,保证设备掉电时网络可连通
解决方案	支持与业界主流的桌面终端控制系统联动,当 IPS 检测到攻击后,可通知桌面终端控制系统,以保证攻击源在接入层就被隔离,同时将隔离原因(与攻击源相关的攻击事件)通知到攻击源的桌面终端控制系统的客户端上
资质证明	必须具有中华人民共和国公安部核发的《计算机信息系统安全专用产品销售许可证》,提供有效证书的复印件;必须具有《国家信息安全评测中心认证》,提供有效证书的复印件
	必须具有《ISO 9001 质量管理体系认证》,提供有效证书的复印件;必须具有《ISO 14001 体系认证》,提供有效证书的复印件
	必须具有《入侵抵御系统软件知识产权证书》,提供有效证书的复印件
	建议具有《信息安全服务资质认证》,提供有效证书的复印件;至少有两年以上产品实际使用历史,并具有广泛的用户群体,能提供相关客户列表,能提供快速本地化现场技术支持,能提供 7×24 h 技术服务支持
	必须具有《ROHS 环保标准认证》,提供有效证书的复印件
	必须具有《CE 认证》,提供有效证书的复印件
	国际知名的专业防病毒厂商的合作证书
产品性能	开启安全策略后的吞吐量≥200 M
	最大并发连接数≥100 万
	每秒新建连接数≥10 万
	时延≤200 μs
其他	厂家必须在当地设有备件库,并提供其备件库地址及联系方式
	在本地有售后服务人员,提供相关证明
	能提供快速本地化现场技术支持,能提供 7×24 h 技术服务支持

8.1.5.2 防火墙

防火墙用于提供对外部连接的安全控制。在水利信息内网上,在网络中心配置两台千兆防火墙,在部门网络上配置1台百兆防火墙。在水利信息外网上,配置1台千兆防火墙。对千兆防火墙的要求如表 8-2 所示,对百兆防火墙的要求如表 8-3 所示。

表 8-2 对千兆防火墙的要求

功能及技术指标	参数要求
认证	必须具有中华人民共和国公安部核发的《计算机信息系统安全专用产品销售许可证》,中国国家信息安全产品测评认证中心的《国家信息安全认证产品型号证书》
体系架构	必须采用专用硬件平台;必须采用专用的安全操作系统平台,非通用操作系统平台
固定端口数	≥2 个 10/100/1 000 M 以太网端口(光电 Combo)
可扩展性	≥1 个扩展槽,最大可扩展≥4 个 10/100/1 000 M 以太网端口,或者≥2 个 10/100/1 000 M + 4 个 10/100 M 以太网端口
电源	提供双电源冗余
吞吐量	≥1.5 G
3DES 加密能力	≥600 M
最大并发连接数	≥100 万,每秒新增连接数≥20 000
状态报文过滤	支持 FTP、HTTP、SMTP、RTSP、H323 协议簇的状态报文过滤,支持时间段安全策略设置,支持 ASPF 技术
虚拟防火墙系统	必须支持虚拟防火墙系统,可以灵活划分安全区
VPN	必须支持 IKE/IPSEC 协议标准,支持加密算法(DES、3DES)及数字签名算法(MD5、SHA-1),支持 NAT 穿越草案,支持 L2TP VPN、GRE VPN、MPLS VPN 等多种 VPN 功能
动态 VPN	支持 DVPN 技术,简化 VPN 配置,实现按需动态构建 VPN 网络
SSL VPN	能够扩展支持专用 SSL VPN 硬件处理模块,SSL VPN 吞吐量≥150 M,并发连接数≥5 000;最大并发用户≥1 000
病毒防护能力	能够扩展支持专用独立硬件防病毒功能,具有独立的操作系统、CPU、内存和存储设备等计算机资源,开启防病毒功能不影响防火墙转发 防病毒吞吐量≥300 M,并发连接数≥15 000,每秒新建连接数≥250,病毒库≥40 万
抗攻击能力	要能够抵抗包括 Land、Smurf、Fraggle、WinNuke、Ping of Death、Tear Drop、IP Spoofing、ARP Spoofing、ARP Flooding、地址扫描、端口扫描等攻击方式在内的攻击,必须支持 Java Blocking、ActiveX Blocking、SQL 注入攻击防范

功能及技术指标	参数要求
防蠕虫病毒攻击能力	防火墙要能够抵抗蠕虫病毒暴发时的 DoS 和 DDoS 攻击
应用防护能力	可以有效地识别网络中的 BT、Edonkey、Emule 等各种 P2P 模式的应用,并且对这些应用采取限流的控制措施
NAT 功能	防火墙必须支持一对一、地址池等 NAT 方式;必须支持 NAT 多实例功能,必须支持多种应用协议,如 FTP、H323、RAS、ICMP、DNS、ILS、PPTP、NBT 的 NAT ALG 功能,支持策略 NAT
HTTP 过滤功能	必须支持 HTTP URL 和内容过滤
SMTP 过滤功能	必须支持 SMTP 邮件地址、标题和内容过滤
高可靠性	必须支持负载分担和冗余备份,支持双电源冗余备份,支持接口模块热插拔,机箱温度自动检测并报警
服务质量保证	支持流量监管(Traffic Policing),支持 FIFO、PQ、CQ、WFQ、CBWFQ、RTPQ 等队列技术,支持 WRED 拥塞避免技术,支持 GTS 流量整形,支持 CAR、LR 接口限速
维护性	支持中文图形化管理界面,支持网管软件统一网管,支持 Telnet、SSH、CONSOLE、SNMPv1、SNMPv2C、SNMPv3,支持 NTP 时间同步
安全维护	支持管理员分级,可分≥4 级
日志功能	支持 Syslog、NAT 转换、攻击防范、黑名单、地址绑定等日志,支持流量监控日志,支持二进制格式日志,支持用户行为流日志
认证	支持本地认证,同时支持远端 RADIUS 认证、TACACS 认证、域认证、CHAP 验证、PAP 验证
路由协议	支持静态路由、RIP、OSPF、BGP、策略路由、MPLS 协议

表 8-3 对百兆防火墙的要求

功能及技术指标	参数要求
认证	具有中华人民共和国公安部核发的《计算机信息系统安全专用产品销售许可证》,中国国家信息安全产品测评认证中心的《国家信息安全认证产品型号证书》
体系架构	采用专用硬件平台;必须采用专用的私有的安全操作系统平台,非通用操作系统平台
固定端口数	≥4 个 10/100 M 以太网端口
可扩展性	≥1 个扩展槽,最大可扩展≥8 个 100 M 以太网端口,或者≥2 个 1 000 M + 4 个 100 M 以太网端口
最大千兆接口数	≥2

続表 8-3

功能及技术指标	参数要求
电源	提供双电源冗余
吞吐量	≥400 M
3DES 加密能力	≥200 M
最大并发连接数	≥50 万,每秒新增连接数≥10 000
状态报文过滤	支持 FTP、HTTP、SMTP、RTSP、H323 协议簇的状态报文过滤,支持时间段安全策略设置,支持 ASPF 技术
虚拟防火墙系统	支持虚拟防火墙系统,可以灵活划分安全区
VPN	必须支持 IKE/IPSEC 协议标准,支持加密算法(DES、3DES)及数字签名算法(MD5、SHA-1),支持 NAT 穿越草案,支持 L2TP VPN、GRE VPN、MPLS VPN 等多种 VPN 功能
动态 VPN	支持 DVPN 技术,简化 VPN 配置,实现按需动态构建 VPN 网络
SSL VPN	能够扩展支持专用 SSL VPN 硬件处理模块,SSL VPN 吞吐量≥100 M,并发连接数≥1 500;最大并发用户≥200
抗攻击能力	要能够抵抗包括 Land、Smurf、Fraggle、WinNuke、Ping of Death、Tear Drop、IP Spoofing、ARP Spoofing、ARP Flooding、地址扫描、端口扫描等攻击方式在内的攻击,必须支持 Java Blocking、ActiveX Blocking、SQL 注入攻击防范
防蠕虫病毒攻击能力	防火墙要能够抵抗蠕虫病毒暴发时的 DoS 和 DDoS 攻击
应用防护能力	可以有效地识别网络中的 BT、Edonkey、Emule 等各种 P2P 模式的应用,并且对这些应用采取限流的控制措施
NAT 功能	防火墙必须支持一对一、地址池等 NAT 方式;必须支持 NAT 多实例功能,必须支持多种应用协议,如 FTP、H323、RAS、ICMP、DNS、ILS、PPTP、NBT 的 NAT ALG 功能,支持策略 NAT
HTTP 过滤功能	必须支持 HTTP URL 和内容过滤
SMTP 过滤功能	必须支持 SMTP 邮件地址、标题和内容过滤
高可靠性	必须支持负载分担和冗余备份,支持双电源冗余备份,支持接口模块热插拔,机箱温度自动检测并报警
服务质量保证	支持流量监管(Traffic Policing),支持 FIFO、PQ、CQ、WFQ、CBWFQ、RTPQ 等队列技术,支持 WRED 拥塞避免技术,支持 GTS 流量整形,支持 CAR、LR 接口限速
维护性	支持中文图形化管理界面,支持网管软件统一网管,支持 Telnet、SSH、CONSOLE、SNMPv1、SNMPv2C、SNMPv3,支持 NTP 时间同步

功能及技术指标	参数要求
安全维护	支持管理员分级,可分≥4 级
日志功能	支持 Syslog、NAT 转换、攻击防范、黑名单、地址绑定等日志,支持流量监控日志,支持二进制格式日志,支持用户行为流日志
认证	支持本地认证,同时支持远端 RADIUS 认证、TACACS 认证、域认证、CHAP 验证、PAP 验证
路由协议	支持静态路由、RIP、OSPF、BGP、策略路由、MPLS 协议

8.2 水利信息化规范体系设计

为了避免相关单位在水利信息化系统建设中各自为政,没有统一的总体框架和标准体系,形成信息孤岛,给数据的互联互通和共享带来困难,有必要在水利信息化系统全面实施之前,先期开展标准规范建设,统一标准,对实现各系统节点间的互联互通,促进信息交换和共享,具有十分重要的意义。

水利信息化系统的标准体系建设,必须依据水利信息监测、管理与应用的特点,在全面分析现有的相关国际、国家标准和行业标准的基础上,结合水利信息化系统建设现状,识别标准建设方面存在的主要问题与差距,通过业务需求分析,在水利技术标准体系的指导下,在水利信息化标准框架范围内,提出水利信息化系统标准体系的框架设计和主要建设内容,设计出需要补充编制与调整的标准,并对标准体系的建设提供合理性建议。

水利信息化系统标准体系作为"水利信息化标准体系"的组成部分,其主要内容应涵盖水利信息化系统所包含信息的分类和编码标准化、信息采集标准化、信息传输与交换标准化、信息存储标准化、信息处理过程标准化以及设计建设维护的管理等多个方面。

水利信息化系统的数据源包括:基本信息、社会经济动态信息、需水信息、供/用水信息、水情信息、地下水信息、水质与水环境信息、工情信息、旱情与墒情信息、灾情信息、可利用的气象产品、管理信息、文本信息(包括超文本语音、视频信息)等,标准体系中要涵盖这些信息的采集、传输、存储、处理、维护和管理等环节的一系列技术标准。

标准化体系要按照"五统一"原则,即"统一指标体系、统一文件格式、统一分类编码、统一信息交换格式、统一名词术语",对原有标准体系进行扩充和完善。

标准的建设过程需要考虑如下因素:

(1)科学性:在标准制定工作中首先要保证科学性,合理地安排制定各个标准,正确处理各个标准的作用和地位。

(2)全面性:充分反映各项业务的需求,将水利信息化所需的标准全面纳入标准体系中。同时要突出重点,优先解决急需的标准工作,逐步对标准体系进行完善,达到全面性。

(3)系统性:将各个标准纳入标准体系,充分考虑各标准之间的区别和联系,将具体的标准安排在标准体系中相应的位置上,形成一个层次合理、结构清楚、关系明确、内容完善的有机整体。

(4)先进性与继承性:充分体现相关技术和标准的发展方向,对于最新的相关国家标准、国际标准和国外先进标准要积极采纳,或者保持与它们的一致性或兼容性,与行业信息化接轨。同时要根据具体的业务实际考虑现有的大量标准化工作,进行适当的修订。

(5)可预见性和可扩充性:由于当前信息技术处于迅速发展阶段,制定标准时既要考虑到目前的技术和应用发展水平,也要对未来的发展趋势有所预见,便于以后工作的开展。同时考虑到目前有些需求还不甚明朗,因此所编制的标准体系要易于扩充,能够随信息技术、网络通信技术的发展增加相应的模块。

以沈阳市为例,从建设内容上看,沈阳市水利信息化系统项目需要首先明确系统建设在信息采集、交换、存储、处理和服务等环节应采用或制定的相关技术标准。在这些环节中,已存在各个层面的国际、国家及行业技术标准,但这些标准不能完全满足系统建设对标准的需要,需要结合沈阳市水利信息化系统的特点,制定相关标准、协议与规范,逐步实现水利信息化系统建设的标准化和规范化。具体建设内容包括:

(1)收集整理与沈阳市水利信息化系统建设密切相关的技术标准,全面分析这些标准是否满足系统建设需要,提出现有标准存在问题;

(2)设计沈阳市水利信息化系统技术标准体系框架,理清标准体系内各组成部分之间的关系,以及该标准体系与外部各有关方面的关系;

(3)确定沈阳市水利信息化系统建设应采用的现有相关标准;

(4)对没有国家标准和行业标准可依据的内容进行识别认定,并结合沈阳市水利信息化系统的特点,确定拟开展新编的标准及其范围和内容。

系统标准规范建设内容如表8-4所示。

表8-4　系统标准规范建设内容

编号	建设内容	备注
1	相关技术标准整编	
2	水利信息化系统技术标准体系框架设计	
3	待编标准编制	
3.1	业务标准	对业务工作的各个环节过程进行规范,从业务流和信息流两个角度抽取共用业务过程、信息流动变化的过程,以及各业务独有的业务过程、信息流动变化过程
3.2	信息标准	对各项业务应用到的相关数据信息进行定义,并进行分类编码
3.3	信息技术标准	对信息的存储、处理、管理、传输和交换进行定义

标准体系的建设需要设立相应的组织机构,负责标准的建设管理工作,制定信息化标准建设管理办法,并完善相关的管理制度,涵盖计划,标准形式,标准的制定、实施、监督、

维护等各个方面。按照急用先行的原则,制定基础性标准和互联、互通、互操作、信息共享、安全、运营管理等标准。加强对内、对外的沟通协调,制定、修订标准和标准的监督实施并重。

8.3　水利信息化系统集成设计

8.3.1　设计内容和任务

水利信息化系统是一个大型的信息系统工程项目,需要通过集成设计来统一考虑系统的硬件、软件配置,减少由于部门、系统的划分造成的硬件、软件重复建设,达到提高系统建设资金使用效益的目的。系统集成包括硬件、数据库、应用软件、系统软件集成方案和设备配置。

系统集成设计的内容和任务是:

(1)提出水利信息外网的硬件、数据库、应用软件、系统软件集成方案和设备配置;

(2)提出水利信息内网的硬件、数据库、应用软件、系统软件集成方案和设备配置;

(3)提出应用系统集成技术实现方案。

8.3.2　系统配置原则

以沈阳市为例,系统配置应遵循以下原则:

(1)在沈阳市水利局(中心)和水利局直属异地办公单位,数据库服务器、应用服务器、系统软件等不以部门或应用系统的划分分别配置,而是统一考虑各系统对硬件、系统软件的功能和性能要求进行配置,避免重复建设;

(2)为保证数据服务的可靠性,数据库服务器采用双机系统;

(3)配置高性能应用服务器为各应用系统提供硬件运行环境;

(4)系统软件应为商用软件,符合业界标准;

(5)统一配置系统软件(包括数据库、应用支撑平台等),为各应用系统提供软件运行环境。

8.3.3　应用系统集成方式

应用系统集成方式包括:

(1)系统集成通过门户系统实现各应用系统的集成;

(2)对于按照新的体系架构开发的系统直接通过门户系统进行集成;

(3)对于原来的 B/S 结构应用可以通过封装的方式将原有应用的页面包含在 portlets 中,简单容易地集成到门户中;

(4)对于原来的 C/S 结构应用,需要将原来的表示逻辑和业务处理逻辑分离,而后封装到 portlets 中,最后集成到门户中;

(5)对于不能进行改造(如不能得到源代码)的系统,但知道输入、输出数据格式的,通过数据集成实现对原有应用的集成,原有系统运行模式不变;

(6)对于完全独立的系统,保持原有系统运行模式不变。

8.3.4 应用系统集成技术实现

8.3.4.1 水利信息化中的应用集成

水利信息化系统是由许多应用系统和数据资源组成的。这些应用系统和数据资源分散于不同的企业部门,并且可能是通过不同的技术实现的。但是,水利信息化中的很多系统,如网上审批系统、决策支持系统、电子公文交换系统等,对应用系统的集成提出了越来越高的要求。只有实现了各个应用系统之间的互联互通,水利信息化才能从根本上发挥其价值。

应用集成所涉及的范围比较广泛,包括函数/方法集成、数据集成、界面集成、业务流程集成等。

8.3.4.2 用户界面集成

用户界面集成是一个面向用户的整合,它将原先系统的终端窗口和 PC 的图形界面使用一个标准的界面(有代表性的例子是使用浏览器)来替换。一般地,应用程序终端窗口的功能可以一对一地映射到一个基于浏览器的图形用户界面。新的表示层需要与现存的遗留系统的商业逻辑或者一些封装应用等进行集成。

企业门户应用(Enterprise Portal)也可以被看成是一个复杂界面重组的解决方案。一个企业门户合并了多个水利信息化应用,同时表现为一个可定制的基于浏览器的界面。在这个类型的 EAI 中,企业门户框架和中间件解决方案是一样的。

8.3.4.3 数据集成

数据集成发生在企业内的数据库和数据源级别。通过从一个数据源将数据移植到另外一个数据源来完成数据集成。数据集成是现有 EAI 解决方案中最普遍的一种形式。然而,数据集成的一个最大的问题是商业逻辑常常只存在于主系统中,无法在数据库层次上去响应商业流程的处理,因此这限制了实时处理的能力。

此外,还有一些数据复制和中间件工具来推动在数据源之间的数据传输,一些是以实时方式工作的,一些是以批处理方式工作的。

8.3.4.4 业务流程集成

虽然数据集成已经证明是 EAI 的一种流行的形式,然而,从安全性、数据完整性、业务流程角度来看,数据集成仍然存在着很多问题。组织内大量的数据是被商业逻辑所访问和维持的。商业逻辑应用加强了必需的商业规则、业务流程和安全性,而这些对于下层数据都是必需的。

业务流程集成产生于跨越了多个应用的业务流程层。通常通过使用一些高层的中间件来表现业务流程集成的特征。这类中间件产品的代表是消息中介,消息中介使用总线模式或者是 HUB 模式来对消息处理标准化并控制信息流。

8.3.4.5 函数和方法集成

函数和方法集成涵盖了普通的代码(COBOL, C++, Java)撰写、应用程序接口(API)、远端过程调用(RPC)、分布式中间件如 TP 监控、分布式对象、公共对象访问中介(CORBA)、Java 远端方法调用(RMI)、面向消息的中间件以及 Web 服务等各种软件技术。

面向函数和方法的集成一般来说是处于同步模式的,即基于客户(请求程序)和服务器(响应程序)之间的请求响应交互机制。

在水利信息化方案中,我们综合使用了各种集成技术,并形成了完整的应用集成框架。

8.3.4.6　基于 ESB 的应用集成

1. 产生背景

随着计算机与网络技术的不断发展,以及近几年信息化系统建设的不断发展,很多的单位(行政事业单位以及企业)都拥有了不止一套系统。与此同时,业务规则的不断变化,使得越来越多的单位在信息化建设的过程中,不得不加强自己业务的灵活性,同时简化其基础架构,以更好地满足其业务目标。

随着单位系统建设的越来越多,各个系统间数据、业务规则、业务流程的整合成为了最终用户非常关心的问题。如何通过整合已有系统,使各个系统的综合数据成为决策者的决策依据;如何通过系统整合,建设更加完整的、合理的业务流程;如何通过系统整合,降低工作人员的工作量,提高工作效率,以达到降低成本以及提高工作效率的目的。

正是因为存在以上种种的需求,人们开始希望能有一种比较好的解决方案,以从业务和架构上满足需求。ESB 的出现令人眼前为之一亮,它为解决以上种种问题提供了一种完整的设计与实施规范。ESB 以总线为基础,定义了各种功能组件以及一系列的技术规范,从业务角度和系统架构的角度上满足了大多数的需求。

2. 架构设计

系统的总体架构即 ESB 组成如图 8-1 所示。从图中可以看到,ESB 主要包括消息的路由、消息的转换、权限的管理以及各种适配器。

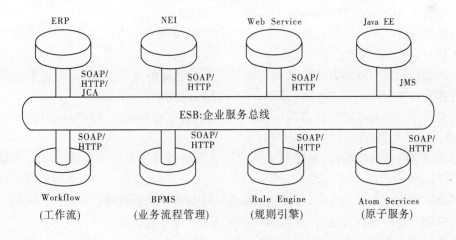

图 8-1　ESB 组成

消息路由以与实现方式无关的方式,将发送到消息通道中的数据,准确地发送到接收端。对于实现协议无关,只需针对不同类型的传输方式,建立相应的传输通道即可。

消息转换主要用来在消息的消费者和消息提供者之间转换数据。

权限模块主要用来进行一些与权限相关的操作,包括授予权限,查看权限。同时,权限还需要结合安全模型,以进行一定的安全管理。

适配器是服务与 ESB 总线交互的"接口",是一个比较宽泛的概念,图 8-1 中给出的各种类型的服务,均是通过适配器接入总线上的。

3. 功能特点

单位内部存在多个需要被整合的系统,各个系统需要能够以统一、快速的方式集成。同时被集成的各个系统之间业务规则会存在一定的变化,并可能引起各个系统间交互数据的格式以及内容发生变化,因此需要构建敏捷的业务流程,并能够对交互的数据格式进行统一的、快速的定制。

ESB 是一种在松散耦合的服务和应用之间进行集成的标准方式,是在 SOA 架构中实现服务间智能化集成与管理的中介,ESB 是逻辑上与 SOA 所遵循的基本原则保持一致的服务集成基础架构,它提供了服务管理的方法和在分布式异构环境中进行服务交互的功能。同时,它也提供了服务的监控、统计、服务的发现等功能。

ESB 系统中将集成的对象统一到服务,消息在应用服务之间传递时格式是标准的,这使得直接面向消息的处理方式成为可能。ESB 能够在底层支持现有的各种通信协议,这样就使得开发人员对消息的处理可以完全不必考虑底层的传输协议,可以将所有的注意力都集中到消息内容的处理上来。在 ESB 中,对消息的处理就会成为 ESB 的核心,因为通过消息处理来集成服务是最简单可行的方式。这也是 ESB 中企业服务总线功能的体现。

业务和数据的快速集成工作使用 ESB 来完成,应用 ESB 可以完成以下功能:

(1)能够迅速地挂接基于不同协议的传输、使用不同语言开发的系统;

(2)接入的各个系统都以独立的、松散耦合的服务形式存在,具有良好的扩展性和可延续性,遵循 SCA(Service Component Architecture)规范;

(3)数据在各个系统之间,以一种统一的、灵活的、可配置的方式进行交互,遵循 SDO (Service Data Objects)规范;

(4)能够以用户友好的方式定义和定制各个系统之间的业务流程,并构建敏捷的业务流程,遵循 BPM(Business Process Management)相关规范;

(5)提供了一套完整的服务治理解决方案,包括服务对象管理、服务生命周期管理、服务的监控及针对服务访问与响应的统计等;

(6)封装多种协议适配器,使开发人员能够透明地与基于不同通信协议和技术架构的系统进行交互;

(7)能够以用户友好的方式,方便地对服务的生命周期进行管理;

(8)应用一定的安全策略,保证数据和业务访问的安全性;

(9)能以用户友好的方式进行服务的注册以及管理;

(10)支持多种服务集成方式,如 Web 服务、适配器等。

第9章　水利信息化系统建设与运行管理

9.1　建设管理

水利信息化系统建设工程需严格遵循国家基本建设管理有关的法律法规,采用先进的管理手段,建立一套行之有效的工程建设管理制度,保障各种规章制度有效执行,探索多种考核与激励机制,对管理制度的执行进行监督,确保工程建设保质保量顺利完成。下面以沈阳市水利信息化系统建设为例,介绍水利信息化系统的建设管理。

9.1.1　建设管理机构及职能

沈阳市水利局是水利信息化系统建设工程的项目法人,对建设和管理进行宏观指导与监督。沈阳市水利局信息中心对工程中各个项目的立项进行技术审核。各个业务处室具体负责与本处室业务有关的项目的立项和具体建设管理工作。

9.1.2　建设管理程序

(1)信息中心负责监督编制水利信息化系统建设工程的建设方案,并组织专家评审;

(2)信息中心根据专家审批通过的建设方案和工程建设的进度安排,提出水利信息网络系统、综合数据库、应用支撑平台、实时信息接收与处理系统、协同办公系统、网上审批系统、内网门户系统、外网网站系统、安全体系与标准规范的年度投资建议和建设计划,报送水利局;

(3)防汛办公室根据专家审批通过的建设方案和工程建设的进度安排,提出防汛抗旱指挥调度系统的年度投资建议和建设计划,报送信息中心进行技术审核,技术审核通过后报送水利局;

(4)水资源处根据专家审批通过的建设方案和工程建设的进度安排,提出水资源管理系统的年度投资建议和建设计划,报送信息中心进行技术审核,技术审核通过后报送水利局;

(5)灌区管理处根据专家审批通过的建设方案和工程建设的进度安排,提出灌区信息管理系统的年度投资建议和建设计划,报送信息中心进行技术审核,技术审核通过后报送水利局;

(6)水土保持工作站根据专家审批通过的建设方案和工程建设的进度安排,提出水土保持管理系统的年度投资建议和建设计划,报送信息中心进行技术审核,技术审核通过后报送水利局;

(7)水利工程建设与管理处根据专家审批通过的建设方案和工程建设的进度安排,提出水利工程建设与管理系统的年度投资建议和建设计划,报送信息中心进行技术审核,技术审核通过后报送水利局;

(8)水利局将水利信息化系统建设工程的年度投资建设计划下达各业务处室,各业务处室将项目建设的具体计划报水利局,水利局以文件形式下达年度建设任务;

(9)各业务处室根据有关规定组织招标,选定承建单位或供货商,并签订合同;

(10)各业务处室编制相关工程的报表和决算,工程的竣工决算由水利局审核后按规定上报财政局审批。

9.1.3 工程建设

(1)工程建设严格按照基本建设程序组织实施,执行项目法人负责制、招标投标制、建设监理制和合同管理制。

(2)各单项工程的建设严格按照批准的设计进行。不得擅自变动建设规模、建设内容、建设标准和年度建设计划。因外部环境发生变化(如技术进步、价格变化等),需要修订工程的重要指标、技术方案和设备选型等设计的,应及时报请原审批单位批准。

(3)各单项工程实施招标投标选取施工单位,各业务处室根据情况邀请纪检监察部门参加较大项目的招标全过程。

(4)水利信息化系统建设工程的建设实施监理制。

(5)各业务处室要建立工程建设进度报告制度,向水利局分管领导报告月、年工程建设进度。按照基础建设项目有关规定指派专人准确收集、整理项目建设情况,及时上报。

(6)建立科学、严格的档案管理制度。各业务处室要指定专人负责档案管理,及时建档保存工程建设过程中的各种文件(如标准、规范、规章制度、各种设计报告和验收报告等),并建立完整的文档目录。

9.1.4 工程质量控制

(1)水利信息化系统建设工程的质量由各业务处室负责。项目的设计、施工、监理,以及设备、材料供应等单位应按照国家有关规定和合同负责所承担工程的质量,并实行质量终身责任制。

(2)监理单位、参与建设的单位与个人有责任和义务向有关单位报告工程质量问题。质量管理应有专人负责,定期报告工程质量,责任人和监理人要签字负责。

(3)工程建设实行质量一票否决制,对质量不合格的工程,必须返工,直至验收合格,否则验收单位有权拒绝验收,各业务处室有权拒付工程款。工程使用的材料、设备和软件等,必须经过质量检验,不合格的不得用于工程建设。

9.1.5 资金管理

(1)水利信息化系统建设工程建设资金严格按照基本建设程序、水利局有关财务管理制度和合同条款规定进行管理。严格执行《中华人民共和国会计法》、《中华人民共和国预算法》、《基本建设财务管理规定》、《国有建设单位会计制度》等有关法律法规的规定。

(2)各业务处室要按照基本建设会计制度,建立基础建设账户,做到专门设账,独立核算,专人负责,专项管理,专款专用。

(3)各个项目的建设严格按照批准的建设规模、建设内容和批准的概算实施。不得随意调整概算、资金使用范围,不得挪用、拆借建设资金。施工中发生必要的设计变更或概算投资额调整时,要事先报请上级单位审批。

9.1.6 监督检查

(1)水利局定期派人深入现场,对项目的进展、质量和资金使用情况进行监督检查。可组织技术专家进行技术指导,做到及时发现和解决问题。

(2)各业务处室要自觉接受计划、财务、审计和建设管理部门的监督检查。

(3)对挪用、截留建设资金的,追还被挪用、截留的资金,并予以通报批评。情节严重的,依法给予有关责任人行政处分;构成犯罪的,依法追究有关责任人的刑事责任。

9.1.7 项目验收和资产移交

(1)水利信息化系统建设工程中能够独立发挥作用的单项工程,应建设一个、决算一个、验收一个、移交一个、运行一个;实行"边建设、边决算、边移交"。

(2)编制完成的项目竣工财务决算,须先通过审计部门审计。

(3)项目竣工验收后,建设单位要按照规定落实运行维护资金,向运行管理单位办理工程移交手续,并及时将项目新增资产移交给运行管理单位,正式投入运行。

9.1.8 招标方案

(1)所有系统都采用公开招标方式选取承建单位。

(2)采用招标或委托方式确定监理单位。

(3)招标的组织形式:有关业务处室负责选择招标代理机构,委托其办理招标事宜。对于一些项目,由于涉及专业多,覆盖范围广,专业性很强,可拟采用自行招标的形式,但自行招标的应按有关规定和管理权限经建设管理部门核准后方可办理自行招标事宜。

9.1.9 项目监理

9.1.9.1 需要实行监理的项目

水利部颁布的《水利工程建设监理规定》规定大中型水利工程建设项目,必须实施建设监理。信息产业部颁布的《信息系统工程监理暂行规定》中要求国家级、省部级、地市级的信息系统工程和使用国家财政性资金的信息系统工程应当实施监理。为此,沈阳市水利信息化系统工程的所有单项工程原则上都应实施项目监理。

9.1.9.2 监理单位的选择

按照国家有关规定,信息工程监理的选择,可以由招标投标确定,也可以由业主选定。因此,根据沈阳市水利信息化系统工程的特点,在单项工程项目中,拟分不同情况确定项目监督管理单位:

(1)对预算费用较大的工程项目,采用招标方式确定监理单位。

(2)对小批量设备采购及安装项目和计算机网络系统集成等,由建设单位指定具有资质的监理单位。

(3)应用系统软件开发是沈阳市水利信息化系统工程中监理难度最大的一类项目,

采取招标投标确定监理单位和聘请本领域专家跟踪监督项目相结合的办法进行监理。

9.2 运行管理

9.2.1 运行管理机构及职能

要保证系统正常运行,须建立运行管理机构和技术支持中心,配备必要的技术人员,购置仪器和交通工具,安排相应的运行维护经费,制定切实可行的运行管理制度,形成完整的运行维护管理体系,并调动各个单位的应用积极性,提高系统运行和维护工作的主动性,保证系统能够长期稳定地发挥作用和效益。

信息中心是本系统的运行管理机构。运行管理机构通过网络中心监控全系统的运行,并负责应用系统和骨干网的维护,协调和处理全系统运行过程中出现的重大问题,完善与制定技术标准和规范。

9.2.2 运行管理制度

工程的运行维护涉及面广,要建立可行的管理制度。各类管理制度应从如下几个方面予以考虑:

(1)明确网络中心等运行维护管理机构的地位和职责,明确各级机构间的业务关系和管理目标。

(2)建立一整套有关运行维护管理的规章制度,主要包括运行维护管理的任务、系统文档、硬件系统、软件系统的管理办法,数据库维护更新规则,管理人员培训考核办法和岗位责任制度等。

(3)监理考核激励机制,不断提高运行维护的水平,保证系统长期稳定运行。

制定严格的规章制度及其监督执行措施,是系统正常运行的根本保证。运行管理部门制定的管理办法及规章制度应包括岗位责任制度、设备管理制度、安全管理制度、技术培训制度、文档管理制度等。

9.2.3 运行管理岗位职责

9.2.3.1 各级节点管理岗位配置

各级节点管理岗位配置如表9-1所示。

表9-1　各级节点管理岗位配置

节点	网络管理员	数据库管理员	安全管理员	应用系统管理员	备注
沈阳市水利局	2	2	1	6	职责有相通的管理岗位之间可以相互兼职,但不允许缺位
市水利局直属异地办公单位	1	1	1	1	

9.2.3.2 网络管理员职责

网络管理员的职责如下:

（1）负责本单位有关计算机网络设备日常维护运行工作,定期对本单位所管辖的网络设备进行检查;

（2）自觉执行单位、部门制定的各项计算机网络设备管理制度;

（3）负责计算机网络设备使用技术培训工作;

（4）负责本单位计算机网络设备日常备品备件、消耗品及设备升级改造方面的计划编制等工作;

（5）负责管理好授权网络管理员的账号,及时为其他计算机网络用户提供指导帮助;

（6）配合有关部门做好计算机网络设备的维护、检查和改造等工作;

（7）做好网络运行情况的分析和统计工作,及时对有关问题提出改进意见并督促实施。

9.2.3.3　数据库管理员职责

数据库管理员负责数据库系统的日常运行、管理和维护工作。其具体职责如下:

（1）整理和重新构造数据库的职责:数据库在运行一段时间后,有新的信息需求或某些数据需要更改,数据库管理员负责数据库的整理和修改,负责模式的修改以及由此引起的数据库的修改。

（2）监控职责:在数据库运行期间,为了保证有效地使用数据库管理系统,对用户的使用存取活动引起的破坏必须进行监视,对数据库的存储空间、使用效率等必须进行统计和记录,对存在的问题提出改进建议,并督促实施。

（3）恢复数据库的职责:数据库运行期间,由于硬件和软件的故障会使数据库遭到破坏,必须进行必要的恢复,确定恢复策略。

（4）及时对数据库进行定期和不定期的备份。

（5）对数据库用户进行技术支持。

9.2.3.4　安全管理员职责

安全管理员的职责如下:

（1）针对网络架构,建议合理的网络安全方案及实施办法。

（2）定期进行安全扫描和模拟攻击,分析扫描结果和入侵记录,查找安全漏洞,为网络工程师、操作系统管理员提供安全指导和漏洞修复建议,并督促实施,协助操作系统管理员及时进行应用系统及软件的升级或修补。

（3）定期检查防火墙的安全策略及相应配置。

（4）定期举办网络安全培训和讲座,讲授安全知识和最新安全问题,以提高网络工程师、操作系统管理员的安全意识。

9.2.3.5　应用系统管理员职责

应用系统管理员的职责如下:

（1）负责应用系统的安装和调试。

（2）负责应用系统设置、使用管理等日常管理工作。

（3）定期对应用系统进行检查。

（4）及时了解应用系统的使用情况,对存在问题提出改进意见并督促实施;做好应用系统使用人员的培训工作。

第 10 章　结论与展望

10.1　结　论

本书以沈阳市为例,进行水利信息化规划的理论研究与实践探索工作,主要研究内容及研究成果总结如下。

(1)本书概括介绍了我国水利信息化建设的发展历程及发展现状,并详细介绍了沈阳市水利信息化建设情况及发展形势。调查显示,我国已经初步形成了由基础设施、应用系统和保障环境组成的水利信息化综合体系,主要表现在:信息采集和网络设施逐步完善;水利业务应用系统开发逐步深入;水利信息资源开发利用逐步加强;水利信息安全体系逐步健全;信息化新技术应用逐步扩展;水利信息化行业管理逐步强化。但相对于水利工程建设的历史而言,水利信息化的建设才刚刚起步,还存在区域发展不均衡、信息资源不足、信息共享困难、应用基础薄弱、管理维护欠缺等一些亟待解决的问题。在全国水利信息化建设的背景下,沈阳市水利信息化建设同样存在上述问题,因此结合 2009 年全国水利信息化工作会议明确的未来 3~5 年我国水利信息化发展的总体目标,沈阳市需要进一步完善水利信息化基础设施、业务应用体系及配套保障措施。

(2)本书阐述了沈阳市水利信息化发展思路及主要任务。由于沈阳市水利信息化建设要以国家水利信息化建设方针为指导,遵循国家信息化建设的总体规划,并结合沈阳市实际情况,确定沈阳市 2018 年之前的水利信息化发展的总体目标,即建立比较完善的水利信息基础设施、功能比较完备的水利业务应用、统一规范的技术标准和安全可靠的保障体系,构建与水利改革和发展相适应的水利信息化综合体系,初步实现水利信息化,为全市经济持续发展对新时期水利工作的总体要求提供相适应的水利信息化支撑。为此,从加强基础设施建设、建设综合数据库、加快业务应用建设和推进保障环境建设 4 个方面总结沈阳市水利信息化建设主要任务。

(3)本书研究了水利信息化系统的基本组成结构,提出了适合沈阳市水利信息化系统的结构层次模型和总体构架。建立了由 6 个核心服务层(水利信息采集层、水利信息网层、数据资源层、应用支撑层、业务应用层、应用交互层)、3 个辅助服务层(标准规范服务、信息安全服务、运维管理服务)和 1 个外部服务组成的系统结构模型;提出了由 Java EE 技术体系、基于 SOA 的规划体系、GIS 技术、ROLAP 和企业级关系数据库等核心技术支撑的水利信息化系统总体构架设计。该系统结构层次模型和总体构架设计不仅适用于沈阳市水利信息化建设,同时为全国大中城市水利信息化建设提供了借鉴及参考依据。

(4)本书制订了沈阳市水利信息系统中基础设施建设、综合数据库建设、应用支撑平台建设及主要业务系统建设等主要内容的详细设计方案。在基础设施建设方案中,阐述了水利信息采集系统及网络系统的设计方案;在综合数据库建设方案中,阐述了在线监测数据库、基础数据库及业务管理数据库的设计方案,并提出数据库管理措施;在应用支撑平台建设方案中,分析了应用支撑平台的功能,从系统资源服务层、公共基础服务层和应用服务层3个层面构建水利信息化系统应用支撑平台;在主要业务系统建设中,对实时信息接收与处理系统、防汛抗旱指挥调度系统、水资源管理系统、灌区信息管理系统、水土保持管理系统、水利工程建设与管理系统、协同办公系统等主要子系统进行了详细的需求分析,研究了各子系统的业务功能和业务流程,分析和预测了其信息量,并阐述了各子系统的设计方案。

(5)本书设计了水利信息化系统的配套保障技术,包括水利信息化安全体系设计、规范体系设计和系统集成设计。水利信息化安全体系主要包括安全管理体系、安全技术体系、安全保证体系,并对安全设施提出具体要求;水利信息化规范体系作为"水利信息化标准体系"的组成部分,其主要内容涵盖水利信息化系统所包含信息的分类和编码标准化、信息采集标准化、信息传输与交换标准化、信息存储标准化、信息处理过程标准化以及设计建设维护的管理等多个方面;水利信息化系统集成设计主要从设计任务出发,结合系统配置原则,选择适合的应用系统集成方式,以实现应用函数/方法集成、数据集成、界面集成、业务流程集成等。

(6)本书提出了保障水利信息化系统建设与运行的管理措施。在建设管理方面,详细阐述了建设管理机构及职能、建设管理程序、工程建设、工程质量控制、资金管理、监督检查、项目验收和资产移交、招标方案、项目监理等工程建设管理措施;在运行管理方面,阐述了运行管理机构及职能,制定了运行管理制度并规定了管理岗位职责。

10.2　展　望

水利事业蓬勃发展,信息技术日新月异,不断对水利信息化提出更高的新要求。作为加强水利管理、服务水利各项工作的有力手段,水利信息化建设任重而道远。在水利信息化建设过程中虽存在一些有待解决的问题和不足之处,但信息化建设仍然发展迅速,取得了很多阶段性成就。随着信息化建设进程和国家投资力度的不断加大,各级领导高度重视信息化建设,提出了"以水利信息化带动水利现代化"的发展思路,强调"水利信息化是水利现代化的基础和重要标志",把大力推进信息化作为在20世纪头20年经济发展和改革的一项主要任务;一系列水利信息化建设管理的行业标准和规章制度相继出台并落实,加强了水利信息化的行业管理;全国现已建设完成了一批水文自动测报和其他相关信息的采集系统,使水利信息采集基础设施和水利信息网络框架已具雏形,数据库的建设、更新、运行管理等方面也积累了初步经验,为进一步开发、完善水利信息化系统奠定了基础。因此,目前发展形势为水利信息化的建设创造了诸多有利条件,其发展前景比较乐观,主要表现在以下四个方面。

(1)社会发展将对水利信息化提出更高要求。

随着社会的进步与发展,人们对物质需求增高的同时,开始更多地关注环境保护、防灾抗灾等一系列社会科学问题,因此在建设和谐社会和以人为本的社会理念指导下,水利设施建设将得到广泛的重视。水利信息化建设对加强水资源管理及工程管理,进一步提高我国科学治水水平,建立人水和谐的社会发挥着十分重要的作用,因此加快水利信息化技术的推广与应用,推进水利信息化建设是社会发展的必然需求。

(2)信息技术进步为水利信息化建设创造条件。

Web 及"3S"信息技术的飞速发展和进步,为基于信息技术发展的水利信息化建设和完善提供了技术保障。国家防汛抗旱指挥系统建设是前沿信息技术在防汛抗旱领域的应用,先进成熟的信息技术成果为防汛抗旱、水资源管理、环境与生态建设等水利行业的信息监测、传输、存储、查询、检索、分析与展示提供了技术条件,使水利信息化推动水利现代化成为可能。

(3)专业模型技术改进为信息技术应用提供技术支持。

水利信息化建设的主要内容之一是决策支持系统建设,而决策支持系统建设的重要依据是水情、旱情、灾情等信息的分析成果,这些分析成果主要来源于气象预测预报、洪水预测预报、洪水演进分析模型系统、洪水调度模型系统、溃坝分析、旱情分析、水资源管理、水质、环境评估等专业模型系统。近年来,有关专业模型技术得到了逐步改进和完善并随着计算机技术的发展为复杂的模拟分析计算提供了条件。专业模型技术的发展为决策支持系统建设的实用性提供了强有力的技术支撑,是水利信息化建设与发展的坚强后盾。

(4)经济发展为水利信息化技术应用提供了物质保障。

结合信息技术发展迅速、软硬件更新快速、业务需求广泛等特点,为确保水利信息化建设的先进性和实用性,水利信息化的发展必然会更多地涉及下一代网络、第三代通信、"3S"集成、虚拟仿真、高性能计算等现代化高新技术,不断提高其系统的自动测报、自动监控、集成技术等现代化水平。而改革开放以来,我国国民经济迅速发展,综合国力增强,人民生活得到了重大改善。因此,各级政府有能力、有条件投入更多的资金进行水利信息化规划与建设,社会经济发展为其提供了充足的物质保障。

参 考 文 献

[1] 陈雷.明确目标,注重实效,全面提升水利信息化水平[J].中国水利,2009(8):1-5.

[2] 水利部信息化工作领导小组办公室,等.水利信息化标准指南(一)[M].北京:中国水利水电出版社,2003.

[3] 中华人民共和国水利部.SL 444—2009 水利信息网运行管理规程[S].北京:中国水利水电出版社,2009.

[4] 中华人民共和国水利部.SL 434—2008 水利信息网建设指南[S].北京:中国水利水电出版社,2008.

[5] 中华人民共和国水利部.SL/Z 376—2007 水利信息化常用术语[S].北京:中国水利水电出版社,2007.

[6] 中华人民共和国水利部.SL/Z 388—2007 实时水情交换协议[S].北京:中国水利水电出版社,2008.

[7] 中华人民共和国水利部.SL/Z 346—2006 水利信息系统项目建议书编制规定[S].北京:中国水利水电出版社,2006.

[8] 承继成.数字中国导论[M].北京:电子工业出版社,2009.

[9] 李纪人,潘世兵,张建立,等.中国数字流域[M].北京:电子工业出版社,2009.

[10] 刘贤娟,杜玉柱.城市水资源利用与管理[M].郑州:黄河水利出版社,2008.

[11] 王树雨,严登华,詹中凯,等.沈阳市节水型社会建设规划[M].郑州:黄河水利出版社,2007.

[12] 蒋云钟,鲁帆,雷晓辉,等.水资源综合调配模型技术与实践[M].北京:中国水利水电出版社,2009.

[13] 林洪孝.城市水务系统与管理[M].北京:中国水利水电出版社,2009.

[14] 胡和平,田富强.灌区信息化建设[M].北京:中国水利水电出版社,2004.

[15] 丛沛桐,王瑞兰,李艳,等.数字抗旱预案与情景分析技术[M].北京:中国水利水电出版社,2009.

[16] 王建武,陈永华,王宪章,等.水利工程信息化建设与管理[M].北京:科学出版社,2004.

[17] 丛沛桐,王珊琳,王瑞兰.三防指挥系统设计与应用[M].北京:中国水利水电出版社,2005.

[18] 蔡阳.现代信息技术与水利信息化[J].水利水电技术,2009,40(8):133-138.

[19] 邓坚.水利信息化推进"八大重点工程"[J].中国计算机用户,2009(10):46-47.

[20] 常志华,曾焱,武芳.水利信息化建设回顾与展望[J].水文,2006,26(3):72-74.

[21] 寇继虹.我国水利信息化建设现状及趋势[J].科技情报开发与经济,2007,17(1):89-90.

[22] Jonathan L. Goodall. A first approach to web services for the National Water Information System[J]. Environmental Modelling & Software, 2008, 23(4): 404-411.

[23] 苑希民.水利信息化技术应用现状及前景展望[J].水利信息化,2010(2):5-8.

[24] 隋洪智,田国良.黄河流域典型地区遥感动态研究[M].北京:科学出版社,1990.